U0291179

湖北省学术著作出版专项资金资助项目
新材料科学与技术丛书

CFRP 加固混凝土梁界面
特性研究的新方法

任振华　曾宪桃　著

武汉理工大学出版社
·武　汉·

内 容 简 介

纤维增强复合材料作为优越的混凝土结构加固材料已成为许多学者热心研究的对象,其工程应用的方式包括外贴 FRP、内嵌 FRP 以及对 FRP 施加预应力后进行外贴或内嵌加固等。在分析研究 FRP 应变及被加固构件承载能力时,继续沿用过去研究普通混凝土构件的平截面假定会存在一定误差,故而提出了 FRP 类材料加固混凝土梁应变协调关系的准平截面假定。

本书主要内容分为六章:绪论、CFRP 加固宽缺口混凝土梁试验、CFRP 加固宽缺口混凝土梁弯曲试验结果分析、CFRP 加固宽缺口混凝土梁应变协调关系准平截面假定的构建、CFRP加固宽缺口混凝土梁界面特性研究、内嵌 CFRP 筋加固宽缺口混凝土梁断裂特性研究。

本书是关于碳纤维增强材料加固宽缺口混凝土梁应变协调关系及界面特性的学术研究著作,可供相关领域人员学习参考。

图书在版编目(CIP)数据

CFRP 加固混凝土梁界面特性研究的新方法/任振华,曾宪桃著. —武汉:武汉理工大学出版社,2018.6(2020.8 重印)

ISBN 978-7-5629-5726-3

Ⅰ.①C… Ⅱ.①任… ②曾… Ⅲ.①纤维增强复合材料-钢筋混凝土梁-研究 Ⅳ.①TU375.1

中国版本图书馆 CIP 数据核字(2018)第 095139 号

项目负责人:张淑芳　　　　　　　　　责任编辑:余晓亮
责 任 校 对:余士龙　　　　　　　　　封面设计:匠心文化
出 版 发 行:武汉理工大学出版社　　　邮　　编:430070
网　　　址:http://www.wutp.com.cn　经　　销:各地新华书店
印　　　刷:广东虎彩云印刷有限公司　　开　　本:710 mm×1000 mm　1/16
印　　　张:13.75　　　　　　　　　　字　　数:179 千字
版　　　次:2018 年 6 月第 1 版
印　　　次:2020 年 8 月第 3 次印刷
定　　　价:60.00 元

前　　言

　　土木工程的发展日新月异,人们对工程结构的主观要求越来越苛刻,加之自然灾害、战争烽火、地理环境、人为过失、载荷加重、功能改变等对其使用要求也有所提升,以及设计规范的改进、安全储备提高等原因,大量房屋、桥梁等土木工程结构还没有达到报废标准就需要评估、维修与加固,以使其满足现代生活对其安全性、适用性和耐久性的要求,继续为社会服务。因此,工程结构的评估、检测、维修与加固得到了业界的广泛关注,相关技术的研究与应用具有显著的经济效益和社会效益。

　　纤维增强复合材料(Fiber Reinforced Plastic 或 Fiber Reinforced Polymer,简称 FRP)是一种强度高、质量小、耐腐蚀、耐疲劳、施工快的材料,已被大量应用于工程结构的维修与加固实践中,并取得了良好的工程效果。作为优越的混凝土结构加固材料,FRP已成为许多学者研究结构加固的首选,其工程应用包括在被加固的混凝土构件上外贴 FRP、内嵌 FRP 以及对 FRP 施加预应力后进行外贴或内嵌等加固方式。FRP 与被加固构件混凝土之间通过强力结构胶进行黏结,在外荷载作用下 FRP 与混凝土之间的滑移不可避免。在分析研究 FRP 应变及被加固构件承载能力时,继续沿用过去研究普通混凝土构件的平截面假定会存在一定误差。为此,作者提出了 FRP 类材料加固混凝土梁应变协调关系的准平截面假定。以此为前提,本书开展了如下内容的研究:构建了宽缺口混凝土梁的工法。针对 CFRP-混凝土界面的黏结-滑移特性研究过程中,单剪、双剪试验及梁式试验存在 CFRP 受力不明确、界面应力状态与实际受力状态不符等缺陷,提出了在被加固混凝土梁纯弯段部分切除表层混凝土构造宽缺口混凝土梁的工法。依据宽缺口混凝土梁研究 CFRP-混凝土的界面特性,CFRP 暴露在梁体的纯弯段,承受纯拉应力,受力明确,CFRP 的应变测试和界面平均剪应力求取方便,界面受剪应力与正应力的共同作用,符合被加固混凝土梁界面的实际受力情况。构建了 CFRP 加固混凝土梁应变协调的准平截面假定。外荷载作用下 CFRP 与混凝土之间的滑移不可避免,在求取 CFRP 应变及加固梁承载力时,如果继续沿用普通混凝土梁的平截面假定会带来一定误差。为此,对 CFRP 加固混凝土梁的应变协调关系进行了理论分析和试验验证,提出了准平面假定。依据该假定导出的 CFRP 加固的混凝土梁包括宽缺口混凝土梁的极限承载能力计算公式,满足规定的精度要求。基于应变协调的准平面假定,分析了混凝土梁及宽缺口混凝土梁中 CFRP 板(筋)-混凝土界面黏结-滑移特性,建立了 CFRP 筋加固宽缺口混凝土梁的黏结-滑移本构关系模型回归,得到了 CFRP 加固混凝土梁CFRP 板(筋)-混凝土界面平均剪应力及剥离承载力的经验计算公式。分析了内嵌和外贴 CFRP 加固宽缺口混凝土梁四点弯状态下的断裂特性,依据宽缺口素混凝土梁拉剪应力状态下裂纹张开与闭合的力学特征,用数值模拟的方法得到了混凝土Ⅰ、Ⅱ型裂纹尖端的应力强度因子和扩展角的解析计算式,获得了宽缺口混凝土梁四点弯条件下的裂纹扩展方向、扩展角和垂直位移、最大主应力、剪应变率及塑性区的分布特征。

　　本书共分六章。第一章介绍了纤维材料加固混凝土梁界面特

性的研究现状;第二章阐述了 CFRP 加固宽缺口混凝土梁的试验;
第三章分析了 CFRP 加固宽缺口混凝土梁弯曲试验的结果;第四
章探讨了 CFRP 加固宽缺口混凝土梁应变协调关系准平截面假定
的构建;第五章论述了 CFRP 加固宽缺口混凝土梁的界面特性研
究;第六章探索了内嵌 CFRP 筋加固宽缺口混凝土梁断裂特性的
研究。

　　本书的研究成果是在湖南省自然科学基金(2017JJ4016)、湖南
省教育厅重点项目（16A050)、湖南工程学院重点学科——"结构
工程"的资助下完成的,在编写过程中参考并引用了已公开发表的
文献资料和相关教材与书籍的部分内容,得到了许多专家和朋友的
帮助,在此表示衷心的感谢。

　　限于作者的学识和水平,书中难免有不妥和疏漏之处,恳请读
者批评指正。

作　者

2017 年 12 月

目　　录

1 绪　论

1.1　研　究　背　景

　　由于自然灾害、战争灾害、地理环境、人为过失、负荷加重、功能改变等对工程结构的使用要求,以及设计规范的不断改进、安全储备提高[1]等原因,大量房屋建筑、工程桥梁等土木工程结构需要维修与加固,这就导致工程结构的评估、检测、维修及加固成为各国的研究热点。调研统计显示,我国现有 400 多亿平方米的存量房屋建筑中,有 10% 以上需要立即进行结构鉴定与加固;既有公路上的桥梁有 5000 多座危桥,总延长 13 万米;主要干线铁路上有各种混凝土桥梁 90000 余孔,占全部桥梁总延长的 90%,使用年限最长的达90 年以上。随着服务年限的增长以及铁路运量的日益增大,铁路上混凝土桥梁的病害更加严重。统计显示,铁路部门混凝土桥梁有病害桥 2675 座,混凝土梁破裂损坏 755 座(1996 孔)。在美国,桥梁结构中有 42% 的存在承载力不足或劣损现象,维修或更换已存在缺陷的桥梁需要投资 900 多亿美元。1998—2003 年期间,美国仅用于修复混凝土桥、路、水坝、输水管线等基础设施的投资就高达13000 亿美元,为初建投资费用的 4 倍[2];在日本,承载力不足的公路混凝土桥约有 4500 座,在实施维修加固中还专门编制了《混凝土工程裂缝调查及补强加固技术规程》;英国不满足现代规范要求的桥梁约占其桥梁总量的 1/4,若要维修和加固这些桥梁使其达到规范要求需花费 8.3 亿英镑;哈尔科夫公路学院(苏联)近年来就乌克兰公路桥梁的现状展开的调查表明:混凝土桥中寿命只有40～50年或更少的达40%以上,运营维修周期缩短的大型桥梁日益增多,处于良好状态的永久性桥梁只有15%,而其余的桥梁要求预防、检修、计划检修(60%)和大修(25%)。总之,旧的建筑物和旧的桥梁由于建造年代久远及受技术水平的限制,其设计标准混乱、施工质量差、病害严重,对建筑行业、铁路运输和公路运输是潜在的隐患。若要拆除病害建筑并建造新的工程予以替代,不仅延误时间、制造污染、消耗财物,而且桥梁还要封闭交通,造成的资源和财产损失难以估计,为国家的国情和财力所不容。有效的办法应该是在对病害建筑进行评估判断的基础上,采取合理的维修、加固技术对策,使其承载能力得到提高或恢复,以满足使用需求。国外资料表明,旧桥加固所需费用为新建公路桥梁费用的10%～20%,一般新桥的建设投资超出旧桥加固费用的0.5～2倍。在我国,公路桥梁的加固费用为新建公路桥梁费用的10%～20%,双曲拱桥加固费用为新建桥费用的30%。由此,对承载能力下降但又未达到报废条件,且使用功能不健全或使用要求提高的既有混凝土桥梁和结构,可通过外部加固措施来恢复或提高其承载能力,健全其使用功能,以满足正常或超常的使用要求,开展这项研究工作具有显著的经济效益和社会效益。

1.2　国内外研究现状

1.2.1　纤维增强材料加固混凝土构件研究

纤维增强复合材料(Fiber Reinforced Plastic,FRP)用于加固混凝土结构的技术最早由瑞士联邦实验室完成。在欧洲,德国、法国、瑞士、奥地利、意大利、比利时、希腊、瑞典等许多国家近年来均采用 FRP 对混凝土工程进行加固。在我国，FRP 应用于加固混凝土技术的研究起步较晚，参与 FRP 加固技术研究的部门和单位众多，研究涉及的内容有各种纤维材料（包括碳纤维、芳纶纤维、玻璃纤维和混杂纤维等）、各种树脂（包括与各种纤维配套的黏结树脂）、各种纤维制品（包括纤维布、纤维板、纤维筋、纤维棒、纤维索、纤维网格材等）的生产和品质管理，各种 FRP 加固修复结构的性能及设计方法、施工方法等。FRP 在现代土木工程中的应用技术研究已得到学界的高度重视，开始形成系统的研究开发规模。

就被加固构件的类型来看，目前开展了如下几个方面的研究[3-5]：

（1）研究梁、板的加固技术。包括抗弯加固、抗剪加固、抗疲劳加固。

（2）混凝土柱及柱状物的加固。以试验研究为主并辅之以理论分析，研究的特性参量包括加固后混凝土柱的抗弯性能、抗剪性能、承载能力、应力-应变关系、弯矩-曲率关系、徐变、疲劳与抗震性能等。

（3）工程结点加固技术研究。工程结构的结点往往是结构破坏的多发区。研究表明，用纤维增强材料对结构结点进行加固，可提高结点的刚度、强度及延性。

（4）剪力墙墙体加固。在剪力墙一面或两面沿抗剪切配筋方向粘贴碳纤维片材以提高墙体抵抗横向作用力的能力。

力学性能研究是碳纤维增强复合材料（Carbon Fiber Reinforced Polymer，CFRP）在土木工程中应用研究的关键问题。其研究内容包括构件加固后的弯曲、剪切强度研究、界面特性研究、裂纹的产生和扩展研究、结构的疲劳、老化、腐蚀、高温特性的研究等。

（1）界面强度。CFRP 增强构件的强度与界面特性密切相关[6]，已有的界面模型包括黏结-滑移本构模型和黏结强度模型。黏结强度模型只能给出界面在极限情况下的剥离承载力，而黏结-滑移本构模型则可以给出整个界面剥离过程以及界面应力-应变的分布规律。

必须深入研究 CFRP-混凝土的界面行为和界面特性，提出准确可靠的界面黏结-滑移本构模型，建立相应的设计计算方法，积极稳妥地应用这项加固技术。在试验研究中发现，胶层的界面剪应力、剥离正应力分布与构件受力形式有关，直接测量存在困难。据有关文献显示，单剪试验和双剪试验模型是研究界面剪应力的常用方法，靠试验获得的数据进行回归或是有限元数值模拟数据进行回归，Nakaba、Dai、Monti 和 Ueda 及陆新征等人[7-11]分别提出了许多不同的界面黏结-滑移本构模型。

（2）断裂特性研究。学者们[12,13]为了研究梁加固后的断裂特性、承载力以及延性，在跨中预制裂缝的混凝土梁底端贴上 FRP，并对其进行理论和试验研究。

Wu 和 Davies[12]用 FRP 板加固了素混凝土三点弯曲梁，并提出了计算其承载力的理论模型。在认为 FRP 板与混凝土之间无相对滑移的条件下，虚拟了混凝土裂缝的扩展，并以跨中截面开裂处力的平衡和应力分布线性假设，得到了其承载力的表达式，认为其大小与中性轴的位置、断裂区的长度和裂缝尖端位移有关；由于没考虑断裂区内混凝土黏聚力的影响，所给出的混凝土黏聚力合力在断裂区内有两个极值，上极限为混凝土的抗拉强度，下极限为混凝土完全脆性。依据 Wu 和 Davies 的模型理论，Wu 和 Bailey[13]研究了 K_R 阻力曲线和加固梁韧性随材料与几何参数的变化情况。研究表明，断裂区的长度越长越有利于梁的抗裂阻力的提高，但梁抗裂阻力受混凝土强度的影响较小；FRP 能明显改善梁的强度和韧性，并且加固梁的抗裂阻力和承载力随 FRP 板厚的增加而增大。与跨中预制裂缝的素混凝土梁类似，Wu 和 Ye[14]研究了 FRP 筋混凝土梁的断裂问题。FRP 筋能控制跨中混凝土裂缝的扩展和张开。试验结果还表明，预制裂缝的断裂过程区越长，被加固混凝土梁的抗裂阻力和承载力的提高幅度越大。

Alaee 与 Karihaloo[15]研究了带裂缝的钢筋混凝土梁用纤维增强混凝土板(又称 Cardiff 板)进行加固的情况,基于断裂力学理论提出了加固梁极限弯矩的计算公式。实际上,在预制有裂缝的混凝土梁底部外贴 FRP 片材,FRP 与混凝土界面容易发生剥离,这是因为裂缝口处的界面产生应力集中。Leung[16]研究了 FRP 板加固的混凝土梁在纯弯状态下跨中 FRP 板与梁界面发生剥离的情况。考虑虚拟裂缝黏聚力的作用以及跨中裂缝的扩展并利用界面的变形协调条件,获得了 FRP 板正应力、剪应力随裂缝尖端张开位移的变化关系,并用断裂力学理论得到了跨中界面剪应力随外弯矩作用变化的表达式,进而研究加固材料特性与几何参数的变化对跨中界面剪应力的影响,并由此评判跨中界面发生剥离的可能性。

(3)抗弯性能研究。研究涉及加固混凝土梁弯曲时静力、蠕变、疲劳性能。探讨了预拉 FRP 复合材料片的应用,加固构件的防火性能以及基于可靠度理论加固设计方法等。所取得的成果均表明,混凝土梁加固后的力学性能有明显提高,特别是 CFRP 的加固效果更为显著,加固梁的弯曲强度比未加固梁的弯曲强度提高了 60%～150%。

(4)抗剪切性能研究。加固混凝土构件的剪切性能研究最早的成果由 Berset 和 Uji 提出[17]。Berset 将 Glass FRP 加固混凝土梁与未加固梁进行了对比试验,提出了计算剪切承载力的简单表达式。同济大学的李杰、夏春红,天津大学的谢剑,清华大学的叶列平等分别做了 GFRP 和 CFRP 加固钢筋混凝土梁的抗剪性能试验及 CFRP 加固钢筋混凝土柱的抗剪性能试验[18]。结果表明,复合材料的不同粘贴方式、含纤维特征值、轴压比、剪跨比等是影响加固效果的主要因素。

(5)结点加固技术研究。美国首先在 1996 年对盐湖城 Highland Drive 大桥的三个梁-柱联结点应用 CFRP 进行了修补加固,随后有人提出了这种结点加固设计的分析方法,并与试验结果进行了比较。最近,Gergely 和 Pantelides 等建立了应用 CFRP 加固钢筋混凝土结点提高剪切承载力的具体程序方法。Pantelides 等在一项最新成果中报道,CFRP 加固钢筋混凝土结点可以将结点的剪切强度提高 35%,侧向最大承载力提高 16%;弯曲位移延性系数则从未加固前的 2.8 提高到 6.3。另一项最近的研究成果指出,应用 GFRP 加固梁-柱联结点后,结点的刚性和强度都有显著提高,延性系数提高 42%。

(6) 疲劳性能研究。Mumar S. V. 和 Gangarao V. S. 对 FRP 筋加固混凝土桥板进行了疲劳试验,研究表明:在最大荷载为 40% 极限荷载的情况下,加载 200 万次时结构达到其疲劳寿命的 80%,疲劳强度可达极限荷载的 50%~60%,材料刚度衰减呈线性变化。曾宪桃教授 1995 年完成了玻璃钢板加固混凝土梁的疲劳试验研究工作;中国人民解放军总后勤部建筑工程研究所的李源等开展了 CFRP 加固混凝土梁的疲劳试验。结果显示,CFRP 材料加固后的混凝土梁经 200 万次疲劳试验后,强度和刚度不会降低,不会发生剥落和脆断破坏,共同工作性能良好,满足抗疲劳要求。

(7) 加固后结构抗震性能研究。Saadatmanesh 等对遭地震破坏的混凝土桥墩进行了加固后的抗震试验研究。应用 FRP 加固修补的混凝土柱在位移延性系数 $u=0.4$ 时具有稳定的滞回线,甚至 $u=0.6$ 时仍有稳定的滞回线。

(8) FRP 主筋替代钢筋的研究。用来代替钢筋的 FRP 配筋或预应力筋。复合材料筋有表面进行砂化处理的 GFRP 筋及几股纤维间用环氧树脂黏结的 CFRP 预应力筋。20 世纪 60 年代初,美国对混凝土梁中用 FRP 配筋进行应用与研究,使用 GFRP 解决近海和寒冷地区的钢筋混凝土结构遭受盐蚀危害问题。我国针对 FRP 筋与混凝土之间的黏结试验方法、混凝土强度、FRP 筋的埋长与直径、FRP 筋外部约束和表面变形、混凝土保护层厚度、温度变化等方面对 FRP 筋与混凝土之间黏结性能的影响进行了初步研究,并进行了配筋率对混凝土梁力学性能影响的试验研究。

（9）预应力 FRP 加固混凝土构件技术研究。Saadatmanesh 和 Ehsani(1991)[19]将一组双筋矩形截面梁在跨中顶起，将 GFRP 板粘贴到梁的受拉区域并保持其位置固定不动，当树脂胶粘剂完全固化后，再放松千斤顶，对这些梁所做的四点弯曲试验表明，粘贴预应力 GFRP 板补强的混凝土梁其开裂荷载提高 100%，破坏荷载提高 400% 以上；Triantafillou 等人[20]（1992）进行了混凝土梁粘贴预应力 CFRP 板的试验工作，先对单向 CFRP 板进行张拉，然后将其粘贴于混凝土梁的受拉表面，一旦胶粘剂完全固化，从 CFRP 板两端将其切断，混凝土梁和 CFRP 板就组成了预应力构件，用这种方法补强的五片混凝土梁，其极限承载力提高了 3～4 倍，预应力的大小及配筋的多少会影响裂缝的分布和数量，所有梁的破坏均为斜裂缝导致 CFRP 板局部脱落以及随之而来的 CFRP 板发生滑移。Meier 等[21]又于 1992 年，对粘贴 CFRP 板的 T 形梁进行了试验研究，并将 CFRP 板分为有预应力和无预应力两种情况，与对比梁相比，两种方法补强的混凝土梁最大荷载提高 32%，CFRP 板不加预应力时，补强梁的变形与对比梁相似，而 CFRP 板加上预应力时，补强梁的位移只有对比梁的 50%。曾宪桃、飞渭、尚守平等做了预应力碳纤维布加固混凝土受弯构件试验研究，结果显示，预应力碳纤维加固混凝土构件可以明显提高梁的开裂荷载、屈服荷载，减小梁在使用阶段的变形和梁内主筋的应力，更加有效地抑制了裂缝的发展。

外贴纤维片材加固构件的试验研究及工程应用已有 20 多年的历史[22-24]。但这种粘贴加固方法存在一定的不足：由于纤维复合材料的弹性模量较低，抗拉强度较高，钢筋发挥屈服强度将产生 0.15% 的拉伸变形，而纤维片材要发挥抗拉强度将产生 1.7% 的拉伸变形，较钢筋的屈服变形高了 11 倍多；也即纤维片材与构件内部钢筋共同作用，不考虑原有的初始应变，钢筋屈服时纤维片材所能发挥的强度也仅为其抗拉强度的8.8%,并且在纤维发挥全部强度所需1.7%的应变情况下,混凝土结构会产生很大变形以及显著的裂缝。因此,外部粘贴纤维片材加固构件,纤维片材所能发挥的抗拉作用极其有限,且FRP粘贴在构件表面容易受到恶劣环境(高温、高湿和冻融等)的不利影响,易遭受磨损和撞击等意外荷载的作用,不防火,不易与相邻构件锚固等。另外,外贴纤维片材易于发生剥离破坏,纤维片材的高强性能得不到充分发挥,因而逐渐被加固效果好的外贴预应力纤维片材加固法及嵌入式加固法所替代。

采用预应力技术对混凝土梁进行加固,可以提高结构的承载能力,降低钢筋疲劳应力幅值及控制裂缝,能较好地满足使用荷载的要求,增加结构的使用年限和耐久性,加固效果明显。

(1)预应力施加方法研究。对外贴在混凝土梁受拉面的纤维增强塑料板材施加预应力的方法有两种,包括正拱法和外部张拉法。正拱法为先将FRP片材用改性环氧树脂粘贴到混凝土梁的受拉面(拉面在下),然后用千斤顶从FRP片材外把梁从中部顶起,等胶粘剂固化后,按比例放松千斤顶。国外学者Wight[25-27]、El-Hacha[28,29]以及国内的吴智深[30]、飞渭[31]、杨勇新[32]、曾宪桃[33]等在试验中施加预应力均采用此种方法。Quantrill R. J.和Holloway L. C.[34]改进了这种方法,先将混凝土梁的黏结面朝上放置在FRP板材的下面,把环氧树脂均匀涂在FRP板材黏结面,黏结面朝向混凝土,张拉FRP板材使其达到要求的预应力水平,混凝土梁用千斤顶顶高至FRP板的位置,待黏结剂硬化后,在梁的两端安装钢夹以保证板材端部有足够的锚固,防止预应力损失;再将FRP板两端卸荷至零,预应力通过硬化的黏结层传到混凝土梁上;最后切除FRP板的多余部分。

(2)预应力FRP材料加固梁试验研究。目前国内外学者对预应力FRP加固技术的研究主要集中在对结构抗弯承载力的提高、抗剪承载力的提高、预应力施加控制值、端部锚固、疲劳破坏性能等方面。

目前,英美、加拿大及日本、瑞士等发达国家的研究人员在碳纤维加固及预应力碳纤维加固技术领域进行了大量的研究工作,取得了许多有价值的研究成果;但国内的研究主要集中在预应力碳纤维布材,关于预应力碳纤维板材的研究较少[35-41]。

Garden 与 Hollaway[42](1997)、Garden 等(1998)进行了预应力碳纤维板加固试验梁的性能研究。试验用的碳纤维板初始应力水平分别为碳纤维抗拉强度的 25%、40% 及 50%。非预应力碳纤维加固的对比试件的破坏模式是碳纤维的剥离破坏;预应力加固试件的破坏模式大多是碳纤维板的拉断。

由于外贴 FRP 片材加固和外贴预应力 FRP 片材加固,片材的受力是以混凝土的受拉剪为根基,所以片材剥离是一个根本性的问题,且受混凝土强度限制,FRP 片材的强度难以充分发挥,高强 FRP 片材使用受到制约;外贴预应力 FRP 片材,虽对混凝土构件的使用性能有改善作用,但进入极限状态后,FRP 片材的剥离同样存在。

为此,人们提出了"表层内嵌法"(Near-Surface-Mounted, NSM),即将纤维增强塑料板条(或筋)嵌入混凝土保护层表面预先开好的槽内并以树脂胶粘剂封填槽道,以改善纤维增强塑料与混凝土的整体黏结性能,充分发挥纤维增强塑料板条的强度。嵌入式加固方法具有如下优点[43,44]:①对混凝土表面处理的工作量降低。只需用专用工具在混凝土表面剔槽,所开混凝土槽三面参与 FRP 和树脂的粘贴,黏结性能良好且 FRP 的剥离和锚固问题不突出。②能防止火灾对 FRP 的破坏。由于 FRP 嵌在构件内部,较好地解决了防火这一问题,同时其抗冲击性、耐久性得以提高。③负弯矩区域加固方便。对桥梁面板、楼板、挑梁等构件进行负弯矩区加固时,直接在表面粘贴 FRP 片材很容易遭到人为或环境因素的破坏,桥梁的过往车辆摩擦及冲击很容易损坏桥板表面的 FRP,而嵌入式加固方法可有效地避免这种情况的发生。④充分地利用 FRP 的强度,有效地提高了结构的极限承载能力。

2004 年,岳清瑞、李荣等首先将嵌入纤维增强塑料加固混凝土构件的成果向国内同行进行了介绍[43,44],并对国外的试验研究成果进行了述评;周朝阳等研究了 T 形截面钢筋混凝土梁内嵌 FRP 加固后抗弯承载能力计算方法[45],通过试验数据,对其计算方法进行了检验,并可对加固梁的破坏形态进行预测;王天稳教授等按照传统的混凝土理论及 FRP 材料加固理论提出了 FRP 材料 NSM 加固梁在各种破坏形式下的极限承载力计算公式,为加固梁正截面抗弯设计和工程应用提供了依据[46-49]。

周丰峻院士和曾宪桃教授(2004)对嵌入式碳纤维增强塑料板条加固的 31 根混凝土梁进行了试验研究[50-54]。用嵌入 CFRP 板条补强的混凝土梁,其开裂弯矩随 CFRP 板条的加固量的增加而加大的幅度不明显,其抗弯承载能力增加的幅度在 25%～45%之间,较小的槽间距会引起槽间混凝土发生撕裂破坏。梁侧面弯剪段嵌入的 CFRP 板条可阻止梁斜裂缝的扩展和裂缝数量的增加,其抗剪承载能力提高 20%～40%。当槽间距较小时,CFRP 板条的强度得不到有效发挥。

周丰峻院士和曾宪桃教授还进行了内嵌预应力 FRP 材料加固混凝土梁的试验[55],内嵌预应力碳纤维筋加固混凝土梁其开裂荷载、屈服荷载、极限荷载均有大幅提高,并推导出了内嵌预应力碳纤维增强塑料筋加固混凝土梁正截面承载力计算公式,同时列出了相关的几种破坏模式。Håkan Nordin 和 Björn Täljsten[56]对嵌入式 FRP 筋施加预应力的抗弯加固进行了试验研究,指出了外贴 FRP 材料和嵌入非预应力 FRP 材料加固混凝土梁的不足。也有学者专题研究了嵌入 FRP 筋对混凝土梁的抗剪加固[57],取得了令人满意的结果。

嵌入 FRP 加固混凝土构件界面的破坏模式有如下几种:①FRP

被拉断;②FRP 黏结材料界面破坏,FRP 被拔出;③黏结材料层发生劈裂破坏;④混凝土发生劈裂破坏;⑤黏结材料-混凝土界面破坏。Lorenzis L. D.[58-63]等试验观察到的破坏模式有②、③、④、⑤,且③和④有同时出现的情况。破坏模式②只出现于表面光滑且仅表面进行简单喷砂处理的 FRP 筋中;破坏模式⑤只在槽为预留、槽表面光滑时出现。大部分试件以劈裂破坏为控制破坏模式,在这种情况下,随着槽尺寸的增大和黏结材料强度的提高,极限荷载增大,且黏结材料抗劈裂能力提高,可使破坏模式从黏结材料的破坏向混凝土破坏转化。

目前仅有 Blaschko[63]进行了 FRP 板条嵌入式的直接拉拔试验。该试验考虑了 CFRP 板条距混凝土边缘的距离 a_t。试验中观察到的破坏模式有混凝土角部劈裂破坏和胶层的破坏。嵌入 FRP 筋或板条抗弯加固梁的破坏模式,除与传统钢筋混凝土理论一致的混凝土被压碎、FRP 材料被拉断破坏以外,也有可能发生由于黏结失效的提前破坏[64-67],从而使材料的强度得不到充分发挥。这一点与外贴 FRP 片材加固的剥离破坏极为相似。其中 FRP 板条与圆形筋相比,较不容易发生黏结失效破坏[42]。

剥离强度模型归为三大类[42]:基于抗剪承载力的模型、混凝土齿状模型、界面应力模型。对于嵌入式加固黏结失效强度模型,目前所提出的模型一般都是在原有片材模型上的改进:如 Lorenzis L. D. 和 Nanni A.[68,74]的模型是对 Rizkalla 和 Hassan[69]外贴片材的混凝土齿状模型的改进;Rizkalla 和 Hassan[70-73]提出的嵌入 FRP 板条端部引起的黏结破坏模型,是以 Malek 等[71]外贴 FRP 片材模型为基础,属界面应力模型。黏结失效破坏既可由端部切断点也可由中部弯剪裂缝处的应力集中而引起。抗弯加固设计的关键点是根据 FRP 筋或板条的延伸长度,确定发生黏结破坏时 FRP 的有效应变(或应力)。

预应力的施加控制值非常重要。Triantafillou 和 Deskovic[72]

提出了一种分析模型,预测最大预应力水平,确保释放预应力时端部锚固处不会破坏。Garden[74]等人认为较高的预应力水平可以极大提高结构的刚度及混凝土的承载能力,FRP 板的预应力度至少为 0.25。Deuring[75]主张为了获得合理预应力,应变取值控制在板材极限应变的 50% 范围内。Meier[76-77]认为预应力控制值影响加固梁的极限荷载和破坏模式。当预应力控制值是 FRP 抗拉强度的 60%～70% 时,钢筋和 FRP 板都被充分利用。牛赫东、吴智深[78]提出了仅取决于界面破坏能的最大可施加预应力值。

端部锚固技术研究。Wu[79]等试验中对比了 U 形纤维布箍、方形纤维布锚固、螺栓锚固。证明锚固区用 8 个铆钉锚固的措施最为有效。飞渭[80,81]、杨勇新[82]等人在试验中采用了 U 形 CFRP 箍锚固,试验证明 U 形箍对阻止端部剥离破坏起到了明显的作用,但荷载达到一定水平后,U 形箍内侧又发生剥离。Piyong Y.[83]在试验中采用了玻璃纤维锚钉的方法进行锚固,在试件两端各钻了六个孔,然后用预制的 GFRP 锚钉将 FRP 布锚固于混凝土板上。Meier[84]发现如果没有特殊的端部锚固,FRP 布在预应力水平为其抗拉强度的 5% 时锚固区域就发生了早期破坏。Karam[85]提出了一种特殊的端部锚固。他建议在梁的黏结长度内减少预应力布的面积,在布的端部锚固区域增加面积可以控制剪应变,阻止剪应力的增加。Garden 和 Hollaway[86]在试验中采用了两种锚固方式:FRP 板延伸至支座处和将其用铆钉锚固在梁的底部。

Taha 等对 CFRP 施加预应力的锚具进行了设计和试验[87-88],针对 CFRP 筋在钢筋锚具上进行加力时易于过早破坏的特点,开发研究了一种与 CFRP 筋相适应的非金属锚具,该锚具由耐腐蚀的超高性能混凝土 UHPC(Ultra-High-Performance Concrete)材料组成,为四块楔形体组成的桶锥体,其材料强度超过 200MPa。

由于张拉设备与张拉工艺尚未规范化,不同设备、不同施工方法造成的预应力损失不同。Wight[89]认为预应力损失的幅度主要取决于预应力水平和梁的刚度。El-Hacha R.[90]等人在试验中对预应力的损失做了研究。Quantrill 和 Hollaway[91]认为主要的损失是混凝土梁的弹性收缩,1.0m 的梁在施加较高预应力时其损失比 2.3m 的梁高,损失约 30%,跨中处施加的初始预应力减小了6%～25%。施加的初始预应力越高,端部释放时预应力损失越大。Hollaway 和 Leeming[92]认为预应力 FRP 板的预应力损失主要是混凝土的快速弹性变形、长期收缩性能以及胶的剪切变形。

Wight[93-94]认为预应力加固对阻止疲劳破坏更有效。Wu 等[95]认为预应力加固混凝土梁随疲劳荷载上限值的增加,FRP 和混凝土界面的黏结力逐渐变弱。

1.2.2 CFRP 加固混凝土梁黏结-滑移本构关系研究

研究 FRP 板或 CFRP 板与混凝土界面黏结-滑移性能所采用的模型试验方案有单剪试验、双剪试验、梁式试验和修正梁式试验(图 1-1)[96]。

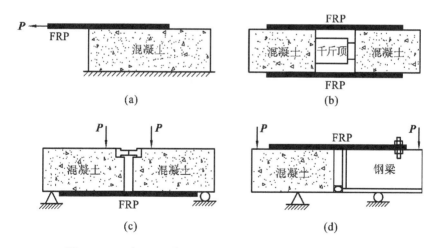

图 1-1 研究 FRP 与混凝土界面黏结特性的试验方法
(a)单剪试验;(b)双剪试验;(c)梁式试验;(d)修正梁式试验

　　杨勇新、岳清瑞等[97]通过对拉、推剪、拉剪和弯拉四种黏结特性试验,对 FRP 片材-混凝土的界面特性进行了研究。研究表明,FRP 片材与混凝土界面黏结面积的大小影响界面的剥离,当黏结面积比有效黏结面积($100\mathrm{mm}\times50\mathrm{mm}$)大时,界面的剥离逐步展开,直至发生剥离破坏;当黏结面积比有效黏结面积小时,则发生脆性剥离破坏。Sharma 等[98]通过 FRP 板与混凝土界面的单剪试验研究了其黏结强度及临界黏结长度。结果指出,影响界面的黏结强度和临界黏结长度因素有 FRP 板的宽度、厚度、弹性模量、抗拉强度以及混凝土的抗拉强度和宽度。Ahmad 等[99]用单剪试验并结合数字图像测试技术测得了混凝土与 FRP 片材中的应变分布,认为界面裂缝扩展可以描述界面黏结破坏,且可将试验中得到的相对总滑移量与外部拉力的关系曲线分为峰值前与峰值后两个阶段,而界面裂缝的起裂处在峰值前的荷载增加阶段,随荷载的增加,界面裂缝在起始阶段稳定扩展,界面断裂能(使界面裂缝扩展单位面积所需要的能量)是一个常数,与界面位置无关。Yao 和 Teng 等[100]依据单剪试验对拉伸力与界面滑移量的关系、界面黏结强度进行了研究,在验证 Chen 和 Teng 关于 FRP 与混凝土黏结强度模型的准确性的同时,指出界面的破坏模式有薄层混凝土粘拉破坏、混凝土与黏结剂界面黏结破坏、混凝土基体发生锥形破坏;Yao 和 Teng 等[100]建议在改进标准黏结试验时,尽可能地减小试件准备工作对试验结果带来的影响,且试验设计时应考虑施工质量的影响。Toutanji 等[101]回顾并分析了前人所做的工作,发现关于梁中部裂缝导致的界面破坏方面的研究较少,并采用单剪试验对这种破坏进行了模拟,导出了 FRP 与混凝土黏结强度计算的理论模型,并对模型参数进行了研究。曹双寅等[102]采用双剪试验并结合电子散斑干涉测试技术对 FRP-混凝土界面变形场进行了描述,探索了界面的黏结-滑移本构关系。结果显示,界面的黏结-滑移本构关系曲线由两部分组成:非线性上升段和不稳定下降段,混凝土强度影响峰值应力的大小,而混凝土强度和 FRP 的形式(布或板)等对峰值应力时的滑移和极限滑移量的影响不大。郭樟根等[103]采用修正梁式试验,分析了 FRP 条带应变以及局部黏结剪应力的分布规律,获得了界面黏结-滑移关系曲线,界面的破坏形态为表层混凝土剪切破坏。

混凝土特性对界面的黏结强度起主要的控制作用,界面的黏结强度主要由混凝土抗拉压强度控制。Leung 等[104,105]指出,既然界面破坏部位在混凝土中,那么骨料之间咬合产生的摩擦作用、混凝土中骨料的大小和含量对界面黏结破坏特性应有较大的影响。为此,Leung 通过单剪试验发现,混凝土的表面抗拉强度和混凝土中骨料的含量对 FRP-混凝土界面黏结强度有重要影响,而受混凝土的抗压强度和内聚抗拉强度的影响不大[104,105],并基于以上认识,得到了一个和混凝土表面抗拉强度、骨料含量两个参数有关的界面断裂能的经验公式[104]。

在单剪与双剪试验中,FRP-混凝土界面平行于外加拉力的方向,界面之间的剪应力达到其抗剪强度时界面发生黏结破坏,但在工程实际中,FRP-混凝土界面的应力状态并非处于纯剪切状态,尤其是梁中出现弯剪斜裂缝时,此处裂缝因剪力作用而产生相对错动,导致 FRP-混凝土界面的剥离方向与外力方向存在一定角度,界面处于复合受力状态,是单剪试验和双剪试验无法模拟的。Wu 等[105]用梁式试验研究了 FRP 材料种类、黏结剂特性、混凝土表面处理情况以及混凝土强度对界面剥离特性的影响,研究表明,界面剥离特性参数有 FRP-混凝土的界面断裂能及 FRP 板的刚度,界面断裂能或 FRP 板刚度增加,界面剥离时的极限荷载随之增加,并可将界面极限荷载由界面剥离角的函数来表示。Dai 和 Ueda 等[106]通过改变梁的极限承载力、FRP 的剥离角度以及 FRP-混凝土界面断裂能等指标,系统研究了 FRP 板-混凝土的界面剥离特性。研究发现,界面断裂能随混凝土强度的增加而增加,随黏结剂弹性模量的增加而降低；FRP 板受力后剥离按区段可分为线弹性阶段、稳定阶段、失稳阶段和自扩展四个阶段，且在自扩展阶段剥离角度随荷载的增加保持为常数，并由此建立了承载力、剥离角度以及界面断裂能之间的关系表达式。

Gao 等[107]通过梯次改变 FRP 布层数和厚度的方式并结合非对称双悬臂梁试验，研究了变厚度 FRP-混凝土界面黏结破坏性能。相对于等厚度 FRP 布加固的混凝土梁，其荷载-位移曲线及界面裂缝扩展阻力曲线波动显著，FRP 板完全剥离时界面滑移的最大位移量有所提高，界面裂缝的扩展更加稳定。用该方法加固的钢筋混凝土梁的试验表明[108]，混凝土梁的极限承载能力得以提高，梁极限状态下对应的变形增大，且加固后混凝土梁的性能不随所采用的混凝土等级不同而有明显的变化。

Leung[109]的思考发现，FRP-混凝土界面黏结破坏性能研究存在某些问题。首先是 FRP 板端部剥离分析方法问题。采用不考虑应力集中现象的弹性理论计算得到的界面剪应力和正应力不真实；其次，跨中位置处弯曲裂缝会导致界面黏结破坏，此时 FRP 板的应力与板厚的平方根成反比，而 Leung 的研究结果并非如此，原因在于断裂力学模型研究界面黏结破坏仅考虑界面的主裂缝，未考虑其他裂缝对界面性能的影响，这自然会引发计算分析结果与试验结果存在较大误差；最后是关于 FRP 布采用 U 形箍方式加固混凝土梁的位置问题。

FRP-混凝土界面面内剪切试验，在量测 FRP-混凝土界面的宏观剥离承载力的同时，还可用来量测界面局部黏结-滑移本构关系。

（1）把应变片粘贴在 FRP 板上，量测 FRP 板各测点上的轴向应变 ε_f 分布，通过差分方程 $\tau = \dfrac{E_f t_f \mathrm{d}\varepsilon_f}{\mathrm{d}x}$ 得到 FRP-混凝土局部黏结剪应力，同样，界面局部滑移 s 可以通过从自由端开始沿 FRP 板对 FRP 应变按 $s = \int \varepsilon_f \mathrm{d}x$ 积分得到。该方法理论简单，但在试验中却会遇到困难。首先,应变片有尺度,FRP 板上应变片测点布置必须考虑应变片的几何尺寸,由差分 $d\varepsilon_p/dx$ 得到的黏结剪应力会存在较大误差;其次,混凝土裂缝和材料组分的随机分布会影响 FRP 应变的量测,界面剥离裂缝如果正好穿越应变片标距,裂缝的宏观开裂会导致测得的应变远大于临近位置 FRP 的应变,而如果应变片正好粘贴在某一块粗骨料上,则测得的应变远小于正常的应变真值。因此,即便梁体中各项参数完全一样,不同试验测得的黏结-滑移关系也会有较大差别[110,111]。

(2) 由加载端端部所受荷载-位移曲线推算界面的黏结-滑移关系[112-114]。深入的研究发现,由相似的荷载位移曲线可以得到不同的界面局部黏结-滑移关系。因此,依据试验的方法获取 FRP-混凝土的界面黏结-滑移本构关系目前还存在很多障碍。Täljsten[115] 在 FRP 锚固长度足够大的前提下,采用非线性断裂力学研究了界面剥离承载力,承载力 P_u 由 $P_u = b_f \sqrt{2E_f t_f G_f}$ 给出(G_f 为界面的破坏能)。

常见的黏结-滑移本构关系有 Neubauer 和 Rostasy[116] 模型、Nakaba 等[117] 的单曲线模型、Monti 等[118] 的双线形模型、Savoia 等[119] 的单曲线模型、Dai 和 Ueda[120] 模型及 Ueda 等的模型[121]。要取得局部黏结-滑移本构关系,采用在 FRP 上粘贴应变片的方法有两大困难[122]:首先是大量的应变片很难布置在较短的界面有效应力传递范围内,其次是黏结-滑移本构关系在不同位置上较为离散。为此,Dai 和 Ueda 等[122,123] 给出了一种相对简便的工法,该工法不需要将大量的应变片粘贴在 FRP 板上,而是先获取外加荷载与加载端位移的关系曲线,再由某种关系推导获得界面黏结应力-滑移本构关系。

图 1-2(a) 为 Neubauer、Savoia、Nakaba 和 Monti 的黏结-滑移本构关系模型曲线对比图。由图可知,最大剪应力 τ_{max} 在各个模型中相差不大,Monti 模型可以由 Nakaba 模型简化得到,Neubauer

模型简单明了,Nakaba 和 Savoia 模型具有数学上的连续光滑性;图 1-2(b)为 Nakaba、Dai 和 Ueda 及 Ueda 等的黏结-滑移关系曲线模型对比图,Ueda 等人的模型用的是特软胶层($K_a \leqslant 1\text{GPa/mm}$,普通胶层 $K_a = 5\text{GPa/mm}$),其黏结强度明显偏大。

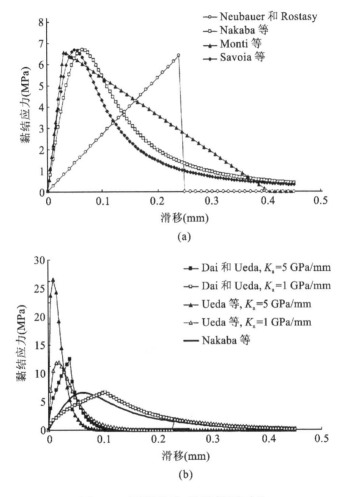

(a)

(b)

图 1-2　不同黏结-滑移模型对比

(a) Neubauer 和 Rostasy 等建议的黏结-滑移模型对比;

(b)Dai 和 Ueda 等建议的黏结-滑移模型对比

对单剪试验中 FRP-混凝土界面的黏结破坏情况，Lu 等[124]利用精细有限元模型进行了模拟。结合固定角度的裂缝模型采用小尺寸的正方形单元(0.25～0.5mm)，该模型模拟了与混凝土-黏结剂界面邻近的混凝土中裂缝的衍生与扩展历程。依据有限元模拟结果，Lu 和 Teng 等[125]给出了当前最为精确的界面黏结-滑移本构模型。

此外，Leung 和 Tung[126]导出了包含三个参数的黏结-滑移关系曲线，三个参数分别是界面最大黏结剪应力 τ_{max}、界面黏结破坏后的初始残余应力 τ_0 以及曲线下降段的斜率($-k$)。并基于此本构模型推导了梁式状态下和单剪状态下 FRP 受拉应力与界面剪应力沿界面长度方向的分布表达式。

以上描述的黏结-滑移本构模型，全部考虑了发生界面黏结破坏后界面抗剪强度的退化现象，即界面抗剪强度随界面滑移量的增大而减小。Leung 等[127]通过试验研究并结合有限元分析的方法，对进入退化阶段的界面抗剪能力与界面滑移之间的关系进行了研究。研究发现，当界面的抗剪能力从黏结强度极大值突然降低到初始残余应力时，界面发生黏结破坏，随外荷载的增加，界面滑移量增加，界面的抗剪能力在逐步降低。FRP-混凝土界面的黏结力遭到破坏导致了抗剪能力突然降低，而随后的界面剪切滑移量不断增加导致 FRP-混凝土界面的残余摩擦应力不断降低，界面抗剪能力降低。

有不少学者就 FRP-混凝土界面黏结-滑移本构关系的解析表达式进行了探索研究，从理论上分析了 FRP-混凝土界面特性和求取界面黏结破坏时 FRP 的宏观极限承载能力问题。求取宏观极限承载能力或界面特性需要研究界面剪应力与界面滑移之间的关系表达式即黏结-滑移本构关系。

Wu 和 Yuan 等[128]针对同侧拉压和两侧受拉两种受力模式的试件，分析了 FRP-混凝土界面的黏结特性。依据 FRP 板、黏结剂内聚体、混凝土之间的变形协调条件,采用黏结-滑移本构模型导出了 FRP 轴向宏观位移的微分表达式,从而获取了 FRP 板的轴向拉应力与界面的剪应力沿界面长度方向的分布解析式。

Yuan 等[129]以三角形黏结-滑移本构模型为基础,分析了同侧拉压试件 FRP-混凝土界面的黏结特性,将界面的破坏分为弹性阶段、弹性区及软化区并存、弹性区及软化区与黏结破坏区并存、软化区与完全黏结破坏区并存四个阶段。依据混凝土、黏结剂与 FRP 之间变形协调条件并考虑选定的本构模型,同样获得了不同受力阶段 FRP 轴向拉应力与界面剪应力沿界面长度方向的分布表达式,进而获取了全过程加载的荷载-位移关系曲线。研究表明,荷载-位移曲线可以划分为线弹性受力、强度软化、黏结破坏与线性卸载四个阶段;而且荷载-位移曲线的延性随 FRP 黏结长度的增加而增强,随 FRP 板轴向抗拉刚度的增加而减弱。

FRP 片材加固钢筋混凝土梁,随其承载受力的增大,梁跨度范围内混凝土往往会产生多条裂缝,裂缝尖端的应力集中会导致界面剪应力集中,混凝土所承受的拉力会转移到 FRP 中而使 FRP 的拉应力较大。因此,必须研究介于两条裂缝间 FRP 与混凝土的黏结问题。鉴于以上情况,Teng 等[130,131]给出了两条相邻裂缝间 FRP-混凝土黏结的简化模型,依据混凝土、黏结剂和 FRP 板之间的变形协调条件,采用两类界面黏结-滑移三角形[132]本构模型,导出了试验模型在不同的受力阶段界面剪应力沿界面长度方向的解析表达式,进一步得到了加载全过程中荷载-位移曲线。

Wang[133,134]将解析计算与有限元法相结合,对混凝土梁中部由于弯曲裂缝引发的 FRP-混凝土界面的黏结破坏特性进行了研究。假定混凝土梁与 FRP 板为线弹性简支梁,用非线性断裂理论与三角形模型相结合,按混凝土梁、FRP 板变形协调条件,获得了界面黏结剪应力及 FRP 板中拉应力的理论表达式;在界面黏结破坏时,依据界面软化与完全破坏过程,分析了界面黏结剪应力在加载的不同阶段及不同区域分布的界面的变化情况,得到了加固梁的荷载-挠度曲线;研究参数的结果表明,FRP 板的厚度显著影响界面的破坏承载能力,而混凝土梁的极限承载力受黏结-滑移曲线的形态的影响很小;之后,Wang[134]用黏聚力与桥联力相结合的区域模型,模拟研究了 FRP-混凝土界面黏结破坏特性,用黏聚力区域模拟界面剪切裂缝的扩展,而用桥联力区域模拟界面间颗粒的咬合力。界面发生黏结破坏后要经历三个阶段:软化阶段、桥联作用阶段和完全黏结破坏阶段。之后依据界面两侧材料变形的协调条件,又研究了单剪试验条件下加载的不同阶段以及界面的不同区域 FRP 板轴向拉应力与界面剪应力的表达式,并获得了外力与界面裂缝尖端能量释放率的积分关系式,公式表明外加作用力与裂缝尖端能量释放率的平方根直接相关。

用解析法来研究 FRP-混凝土界面黏结特性,其判据是界面黏结剪应力超过界面黏结强度时,界面即发生破坏。Leung 和 Yang[135]用能量分析的方法研究了界面黏结破坏的全过程,研究中用界面剪切裂缝扩展模拟界面黏结破坏,假定裂缝尖端处的能量释放率达到界面剪切断裂能时,裂缝尖端开始向前扩展,以能量法为依据的裂缝扩展准则,得到的界面等效黏结强度表达式与界面断裂能、初始残余摩擦应力、黏结剂内聚体剪切模量、黏结层厚度有关,当界面剪应力达到等效黏结强度时,界面裂缝开始扩展。等效黏结强度准则同样可以研究界面黏结破坏过程,避免了能量法本身数学推导的复杂性。

陆新征等[136]探讨了混凝土力学特性及混凝土本构模型对界面特性的影响,提出了特定的混凝土本构模型,并相应地编制了有限元模型。通过对混凝土微元断裂破坏研究,结合精细有限元模型[130,137]模拟了 FRP-混凝土界面的黏结特性及界面黏结破坏过程。前期研究发现,FRP-混凝土界面的破坏大多数出现在紧靠混凝土-黏结剂界面的混凝土材料中,要模拟混凝土薄层的黏结破坏过程必须选用合适的裂缝模型。为此，Lu 和 Jiang 等[138]选用三种不同的裂缝模型对 FRP-混凝土界面剥离问题进行了模拟，通过比较发现，非共轴旋转角模型能较为准确地模拟 FRP-混凝土界面剥离。

在多数情况下，混凝土梁中弯曲裂缝或弯剪裂缝尖端的应力集中会导致 FRP-混凝土界面发生剥离，而要用有限元法模拟裂缝尖端这种应力集中现象技术上存在较大的难度。为此，学者们研究了因弯曲裂缝导致的界面剥离，针对界面黏结破坏过程提出一种新的有限元模型[139,140]。该模型基于混凝土离散裂缝模型，把主弯曲裂缝区域内与区域外的界面特性区别开来，并用双重剥离破坏准则来研究弯曲裂缝底部尖端附近剪切滑移集中对界面特性的影响，进而把弯曲裂缝区域内及区域外两部分界面区别对待，导出了两类不同的黏结-滑移本构关系模型。Niu 等[141]用有限元法并结合断裂力学理论，研究了斜裂缝导致界面剥离破坏的机理及界面黏结破坏时裂缝的起裂与发展。分析表明，界面的黏结破坏主要是由 Ⅱ 型（剪切型）断裂引起的，而且混凝土的开裂特性和界面特性之间的关系控制着界面裂缝的扩展路径。

此外，Niu 和 Wu[142]研究了界面特性对 FRP 材料加固效果的影响，并基于离散裂缝模型给出了一个有限元模型。通过参数研究发现，界面黏结强度会显著影响加固后混凝土梁的屈服荷载，对加固梁极限荷载的影响相对较弱；较高的界面黏结强度有助于分散梁中的裂缝，从而改善加固效果；界面断裂能会显著影响梁的屈服荷载、极限荷载和延性，断裂能值越大，裂缝越分散，混凝土梁的屈服荷载与极限荷载就会提高，而界面刚度及黏结-滑移曲线形状对 FRP 的加固效果影响很小。

Ahmad 等[143]考虑界面软化并用有限元法研究了单剪试验中 FRP-混凝土界面的黏结问题，模拟了剪切裂缝在界面的起裂与扩展。模拟表明，荷载-位移响应曲线中的滞回不稳定性会影响 FRP

从混凝土表面的剥离,而滞回现象的出现与否又取决于 FRP 的黏结长度,黏结长度较短时滞回现象在响应曲线中不会出现。当黏结长度大于临界黏结长度时,黏结长度增加,滞回现象就更加明显。当剪切裂缝不断扩展,界面能量突然释放会导致混凝土梁断裂破坏。

以上界面分析方法所采用的单元都是平面的,与实际量测情况相比会产生较大的误差。单剪试验中,当界面两侧 FRP 板与混凝土块体的宽度不一致时,用三维有限元模型与用平面应力问题有限元模型得到的应力分布结果会相差较大[144],此时应以三维有限元模型分析为主;当界面两侧 FRP 板与混凝土块体宽度相等时,因混凝土、黏结剂内聚体和 FRP 板材三种组分材料的泊松比差异较大,多相材料的应力分布也是三维的,也要用三维有限元模型进行分析研究。Baky 等[145]用非线性位移控制的三维有限元模型模拟了 FRP 加固的混凝土梁弯曲响应与界面特性,研究了 FRP 板在端部的剥离、中部弯曲裂缝引起的界面剥离等各种破坏模式,较为准确地给出了裂缝附近界面的剥离特性。

研究表明,界面发生剥离破坏[146]往往会导致 FRP 加固混凝土构件破坏。因此,应积极研究界面剥离承载力模型与界面黏结-滑移本构关系模型。外贴 CFRP 板加固混凝土构件,CFRP 板与混凝土之间界面主要是受剪应力,CFRP 板通过界面剪应力而承受拉力,截面弯矩的一部分由 CFRP 板承担,使混凝土梁的抗弯承载力得以提高;外贴在梁侧面的 CFRP 板能阻止斜裂缝的扩展,从而使梁的抗剪切承载力得以提高;而界面之间的黏结正应力是影响界面特性的次要因素,截断的 CFRP 板会使端部梁体截面抗弯刚度有突变,端部的应力集中会导致板的剥离,在弯剪斜裂缝两侧梁体会发生刚体错动,使外贴在梁底部的 CFRP-混凝土界面之间产生正应力,正应力的存在会加剧 CFRP 板的剥离。通常可以用面内剪切试验来研究界面受剪特性,面内剪切试验可用

图 1-3 所示力学模型来模拟。将 FRP 板条用胶粘剂外贴到混凝土长方体试块表面上，给 FRP 板外加拉力荷载，外加拉力与 FRP 板在同一平面内，试件的破坏以 FRP-混凝土界面剥离为标志，因此"理想"的界面剥离破坏模式是毗邻胶层的混凝土薄层被剥离（图 1-3 中虚线所示）。毗邻界面的混凝土中出现与界面平行的裂缝，裂缝由加载端向自由端延伸，界面发生破坏时，外荷载将 FRP 板连同与界面毗邻的厚 2～5mm 的混凝土整体剥离下来；若被加固混凝土试块的宽度大于 FRP 板材宽度，则被剥离下来的混凝土的宽度将比 FRP 的宽度大（图 1-3）。

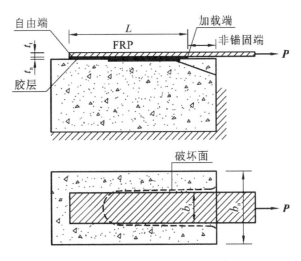

图 1-3　面内剪切试验力学模型

若 FRP 与混凝土之间的黏结长度 L 比有效锚固长度 L_e 小，则宏观剥离承载力随黏结长度增加而增加。若 $L > L_e$，黏结长度增加则不能继续提高界面的剥离承载力。若加载端混凝土非锚固段预留长度不足（图 1-3），则混凝土会因为加载端附近角部的抗剪切能力不够而被拉裂剥离（图 1-4）。

研究表明，影响界面黏结性能与界面剥离承载力的主要参数如下：

（1）基体混凝土的强度。剥离破坏发生在毗邻界面的混凝土

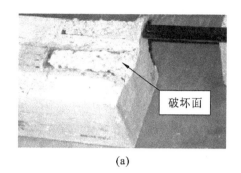

(a)　　　　　　　　　　　　　　　　(b)

图 1-4　剥离破坏试验照片[137]

(a)双剪试验剥离破坏;(b)单剪试验剥离破坏

内,混凝土强度会影响界面黏结能力和剥离承载力,混凝土强度是影响界面黏结性能的主要参数。

(2)界面补强材料与混凝土的黏结长度。FRP 板材与混凝土之间黏结长度极大地影响界面剥离承载力。当界面黏结长度小于其有效锚固长度时,界面的剥离承载力随黏结长度增加而增大。

(3)FRP 片材的抗弯刚度。抗弯刚度较大的 FRP 片材能使界面黏结应力的分摊更加均匀,从而加大界面之间的有效锚固长度 L_e,削减加载端附近界面黏结应力的集中程度。

(4)外贴板材与基底材料宽度比。研究表明,从基体混凝土上剥离下来的混凝土宽度要比 FRP 片材的宽度大(图 1-3、图 1-4),界面混凝土被剪切的宽度要比 FRP 片材的宽度大,且剥离承载力在一定范围内随宽度比 b_c/b_f(b_c 为混凝土基体宽度,b_f 为 FRP 片材宽度)值的增大而增大,但不会无限增大。

(5)胶粘剂的特性。当拉力直接作用在 FRP 板材时(如面内剪切试验),胶层内聚体的受力几乎是纯剪应力状态(图 1-3),且以环氧树脂为基材经改性后的结构胶其抗拉强度远大于混凝土的抗拉强度,因此,在纯剪应力状态下结构胶的性能不会对界面黏结性能产生明显影响。但也有研究发现[147],用剪切刚度只有普通结构胶刚度 1/20～1/5 的软性结构胶做黏结材料,可以提高黏结界面的抗剥离承载力。

(6) 位置以及端部约束。若混凝土在加载端的非黏结段预留长度不够,则角部非黏结段的混凝土块体将因总抗剪能力不足而被剥离下来(图 1-3、图 1-4)。理论研究表明[148-149],由于应力集中,角部区域混凝土的表观黏结强度比其他部位的要小。

用面内剪切试验研究剥离承载力是可行的,人们通过外贴 FRP 片材加固混凝土的面内剪切试验,就 FRP-混凝土界面剥离承载力提出了许多模型,如 Hiroyuki&Wu 模型[150]、Tanaka 模型[151]、Gemert 模型[152,153]、Chaallal 等模型[154]、Maeda 等模型[154]、K. Izumo 模型[154]、Sato 模型[155]、M. Iso 模型[155]、Neubauer&Rostasy 模型[156]、Khalifa 模型[157]、杨勇新等模型[97] 及 Chen&Teng 模型[158]共 12 种。

上述的计算模型考虑了混凝土的强度、FRP 材料的刚度、FRP 的有效锚固长度以及 FRP 板宽与混凝土的基底宽度的比值。而在工程实际中,梁是在受损或出现裂缝后被加固的,梁中弯曲裂缝或弯剪斜裂缝的存在会过早地引发界面黏结破坏,切断的 FRP 端部会因界面应力集中而剥离,因此,FRP 加固混凝土梁的破坏模式宏观上大多是 FRP-混凝土的界面黏结层发生破坏,破坏可能会在混凝土-黏结剂界面、胶层内聚体内部纤维-基体树脂界面、黏结剂-FRP 界面出现。因 FRP 板是纤维丝浸渍改性环氧树脂经滚压固化成型的复合材料板,FRP 板内纤维-胶体界面黏结牢固,而 FRP 板表面的环氧树脂与黏结剂属同类异构,两者的界面很难发生破坏。多年的开发研究表明,FRP-混凝土界面的剪应力一般不会超过黏结剂内聚体的抗剪强度,FRP-混凝土之间界面黏结破坏大多数不是正好发生在混凝土-黏结剂的交界面上,而是毗邻胶层-混凝土界面的混凝土中,界面破坏模式为毗邻混凝土-黏结剂界面外的混凝土薄层被剥离,这样的破坏模式与混凝土表面粗糙度有密切的关系。倘若混凝土表面未做粗糙处理且光滑,胶粘剂固化后与混凝土黏结力较差,黏结破坏依然会在胶-混凝土界面上发生。

内嵌 CFRP 包括内嵌 CFRP 板条和内嵌 CFRP 筋加固。CFRP 板条的截面为矩形或方形,筋材的截面为圆形且一般为表面带肋,嵌入方式有图 1-5 所示[159]的六种情况。

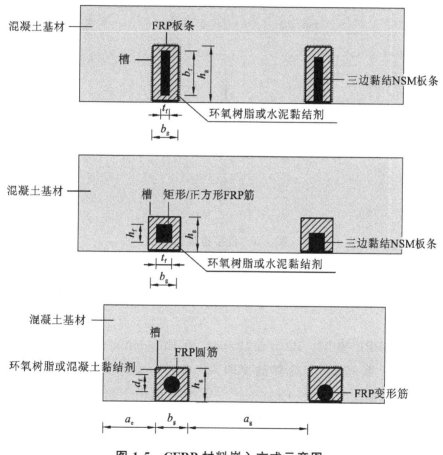

图 1-5　CFRP 材料嵌入方式示意图

研究 FRP 筋与混凝土的黏结-滑移性能,首先是将钢筋混凝土黏结-滑移本构模型套用于 FRP 筋混凝土结构[160-163],FRP 筋与钢筋的差异及其与混凝土黏结的不同,会导致二者黏结性能的差异。其试验方法有直接拉拔试验和弯曲拉拔试验(图1-6、图1-7)。

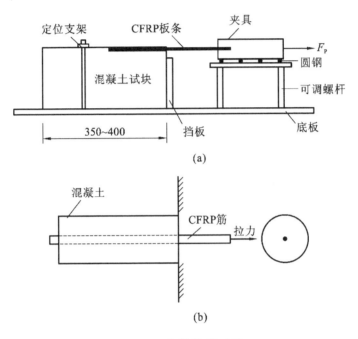

图1-6　直接拉拔试验

(a)表面开槽直接拉拔;(b)穿透式直接拉拔

目前,内嵌 FRP 加固混凝土构件界面黏结-滑移本构关系模型有:

(1) BPE 模型。Bertero、Popov 和 Eligehausen(1983)建立了分析变形钢筋黏结-滑移的 BPE 模型[160],该模型被 Faoro[161]、Alunno Rossetti[162]和 Cosenza[163]等成功地用于研究 FRP 筋混凝土结构。

(2) 修正 BPE 模型[163,164]。因 BPE 模型建立的基础是钢筋-混凝土界面滑移,鉴于钢筋与 FRP 筋力学性能存在差别,Cosenza 等进行了大量的 FRP 筋与混凝土的黏结性能试验,研究发现 BPE 模型的水平段实际上并不存在,建议取消 BPE 模型的水平段,进而得

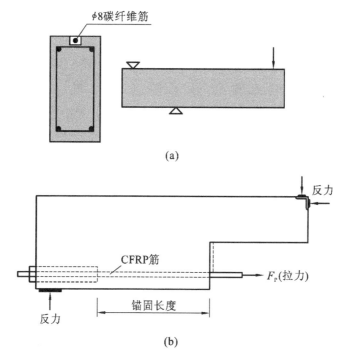

图 1-7　弯曲拉拔试验

(a)表面开槽弯曲拉拔；(b)穿透式弯曲拉拔

到修正的 BPE 模型。修正模型的上升段和原 BPE 模型的表达式相同，曲线下降段的斜率为 $P=\tau_1/s_1$。

（3）Malvar 的模型[165]。Malvar 研究了外形不同的 GFRP 筋与混凝土的黏结性能，得到了 GFRP 筋与混凝土黏结-滑移的 $\tau\text{-}s$ 关系模型。

（4）CMR 模型。结构计算绝大多数仅考虑使用阶段，于是对结构进行计算时只要考虑 $\tau\text{-}s$ 曲线的上升阶段（$s<s_m$）模型就满足精度要求。在曲线上升段 Cosenza 等给出了新模型[165-167]，B. Tighiouart和 B. Benmokrane 根据对 GFRP 筋混凝土梁的试验，求得了 CMR 模型中 s_r、β 的数值为 $s_r=-1/4,\beta=1/2$。

（5）连续曲线模型[155]。虽然 BPE 模型、修正 BPE 模型及

CMR 模型曲线的初始斜率与黏结物理现象相吻合($s=0$ 时的斜率)且都为无穷大,但 BPE 模型和修正 BPE 模型曲线在峰值点处不光滑连续,且下降段为简单的直线,CMR 模型曲线取消了下降段,Malvar 模型曲线在峰值点处连续,但曲线的初始斜率 F_{τ_m}/s_m 为有限值。为使黏结-滑移关系既包含明确的物理概念又在形态上光滑连续,人们将满足上述要求的连续曲线数学模型简化为仅包含 4 个参数 s_0、τ_0、s_u、τ_u 的表达式也就是连续曲线模型。

内嵌 FRP 加固混凝土梁界面黏结性能试验中所出现的破坏模式有下述 5 种:FRP 与外围胶粘剂黏结牢固,FRP 被拉断;胶粘剂与 FRP 界面抗剪切强度不足,FRP 与黏结材料之间界面破坏,FRP 被拔出;胶粘剂内聚体抗剪切强度不够,胶粘剂内聚体发生剪切劈裂;混凝土剪拉劈裂破坏;胶粘剂内聚体-混凝土之间界面破坏。Lorenzis L. D.[173]等通过试验得到的破坏模式有:FRP 与胶粘剂之间界面剪坏,FRP 被拔出;胶粘剂内聚体发生劈裂破坏;混凝土被剪拉劈裂破坏;胶粘剂内聚体-混凝土之间界面破坏,且胶粘剂内聚体发生劈裂破坏与混凝土被剪拉劈裂破坏有同时出现的可能。"FRP 被拔出"破坏模式只会在 FRP 筋表面光滑且只做简单喷砂处理的情况下出现,倘若 FRP 筋使用的是表面凹凸的变形筋,"FRP 被拔出"破坏模式也不会出现;"胶粘剂内聚体-混凝土之间界面破坏"破坏模式只在预留的混凝土槽表面光滑的情况下出现。在工程实际应用中采用内嵌法加固时,混凝土槽往往在现场切割,槽表面切割粗糙,因此在分析内嵌法加固破坏模式时,"胶粘剂内聚体-混凝土之间界面破坏"破坏模式可不考虑。黏结材料是以环氧树脂为基体,以上两种纯界面破坏不易发生,则内嵌法加固界面破坏只依赖两种控制模式:(1)FRP-胶粘剂内聚体之间界面黏结剪应力主导的破坏模式,破坏模式为胶粘剂内聚体劈裂;(2)胶粘剂内聚体-混凝土之间界面黏结应力主导的破坏,薄弱层为混凝土,破坏模式为混凝土劈裂。

笔者前期的研究表明[167],内嵌 FRP 筋加固的混凝土梁,其破坏模式通常情况下类似于经典钢筋混凝土梁的破坏模式,即混凝土被压碎与 FRP 筋被拉断。尽管碳纤维增强塑料板条的极限拉应变为 0.016,但超筋破坏没有出现在试验中,主要的破坏模式为钢筋屈服后 CFRP 板条黏结破坏。在计算加固构件极限承载力时,黏结破坏的部位不同,CFRP 板条上总内力取值不同:破坏模式为 CFRP 板条拔出,CFRP 承受的总内力应为 CFRP 板条-胶粘剂之间界面最大剪应力;破坏模式为胶粘剂内聚体剪切劈裂,CFRP 承受的拉力为胶粘剂内聚体的抗剪强度;破坏模式为胶粘剂内聚体与混凝土之间界面劈裂,则 CFRP 总内力取胶粘剂与混凝土界面之间的抗剪切强度;破坏模式为槽边混凝土劈裂,CFRP 承受的总内力应取混凝土抗剪强度。

1.2.3 纤维增强材料加固混凝土梁断裂特性研究

研究大量破坏事故发现,结构或构件低应力脆性破坏的主要原因在于材料中存在初始缺陷和裂纹,在外荷载作用下带裂纹的局部区域应力将重新分布。采用弹性、塑性理论和新的试验技术,断裂力学就是研究裂纹尖端附近的应力场、应变场以及裂纹的扩展规律的一门科学。它不仅阐述了工程结构中所发生的低应力脆断现象,而且与常规设计方法相结合对工程结构进行设计,有效地防止了工程结构的低应力脆断现象。

根据裂缝扩展的动因不同,断裂又可以分为 Ⅰ 型断裂(张开型)、Ⅱ 型断裂(剪切型)、Ⅲ 型断裂(撕裂型)三种类型(图 1-8)。

此后,Irwin 对 Griffith 的理论进行了修正,为度量裂纹的扩展能力引入了能量释放率的概念,并把材料能量释放率的临界值定义为断裂韧度,并指出当裂纹尖端产生的能量释放率达到其临界值

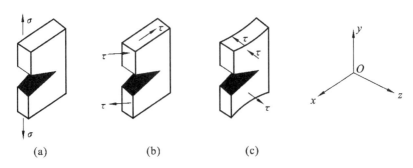

图 1-8　裂缝扩展的三种基本形态

(a) I 型；(b) II 型；(c) III 型

时，裂纹扩展开始。1957 年 Irwin 又提出了应力强度因子的概念，它是裂纹尖端整个力学环境的特征参量。同时引入了断裂韧度的概念，从而得到一个裂纹扩展的判断依据。

混凝土属准脆性材料，其裂缝尖端应力并不具有奇异性。含有预制裂缝的混凝土构件，在受力过程中裂缝尖端存在着许多微裂纹区，而且在达到极限状态时，裂缝前缘产生亚临界扩展量；在亚临界状态，整个构件的裂缝扩展呈现出某种程度的非线性特性。因此，如果仍然采用传统的线弹性断裂力学的方法研究混凝土这一准脆性材料的断裂问题显然不够准确，而且由此计算得到的混凝土断裂韧度具有明显的尺寸效应[168]。为研究混凝土的非线性断裂问题，人们提出了许多混凝土断裂模型，包括虚拟裂缝模型[169]、裂缝带模型[170]、双参数模型[171]、尺寸效应模型[172]、等效裂缝模型[173-174]、双 K 断裂准则[175-177]模型以及基于黏聚力的 K_R 阻力曲线模型[178-179]。

在 Hillerborg[169]的虚拟裂缝模型中，裂缝尖端形成的微裂缝区内裂缝开始扩展，微裂缝区域内材料刚度降低，从而使区域内传递应力的能力降低。用虚拟裂缝来比拟微裂缝区的扩展，且假设当黏聚力作用在虚拟裂缝面上时，虚拟裂缝宽度与黏聚力存在着一定的反比例关系,也就是说黏聚力随虚拟裂缝宽度的增加而减小。当黏聚力变为零时,宏观裂缝出现,虚拟裂缝的宽度达到某一极限值。

在裂缝带模型中,Bažant[172]将裂缝的扩展过程看作由一组密集平行的微裂缝组成的裂缝带,裂缝带的宽度相当于最大骨料粒径的 3 倍,缝端是钝状而非尖状的。将裂缝带比拟为正交各向异性介质,就能很方便地确定裂缝带应力及结构变形。且在对该模型进行有限元分析时,不必改变网格图就能在裂缝带自动形成新的裂缝,裂缝的方向可以是任意的。与虚拟裂缝模型相比,该模型使用方便。

以线弹性断裂力学理论为基础,Jenq 和 Shah[171]提出了双参数模型,并引入一些假设以适应混凝土的非线性特性。Bažant[172]将初始裂缝长度与裂缝的亚临界扩展量之和定义为临界等效裂缝长度,并通过试验测得极限荷载,线弹性断裂力学分析方法表明,混凝土实际的断裂韧度没有尺寸效应。依据极限荷载和临界等效裂缝长度及线弹性断裂力学的分析方法,双参数模型[173]用等效断裂韧度 K_{IC} 和裂缝尖端张开位移临界值 $CTOD_C$ 来反映混凝土的断裂特性。此外,临界等效裂缝长度的计算需要考虑柔度的大小,在试验测得荷载位移曲线后,在荷载位移曲线上取峰值状态后荷载下降到峰值的 95% 时对应的柔度值,由此计算得到的临界等效裂缝长度可以弥补不可恢复变形对裂缝长度的影响。

Karihaloo 和 Nallathambi[175,176]的等效裂缝模型同样是以线弹性断裂力学为基础研究混凝土的断裂韧度。在大量试验数据的基础上,该模型通过回归得到了一系列高精度的计算方程,并以此来确定极限状态下等效裂缝长度。

以上模型各具其特点,都能较为准确地描述混凝土的断裂特性。不过虚拟裂缝模型[165]和裂缝带模型[172]没有明确的解析表达式,需要借助于有限元计算,因而用于研究混凝土断裂特性较为复杂。而双参数模型和等效裂缝模型虽然获得了解析表达式,但表达式中混凝土微裂缝区内黏聚力的作用没有考虑,因而混凝土破坏的全过程无法描述。

为此,徐世烺和赵国藩[177]在考虑断裂过程区内黏聚力作用的前提下,基于线弹性断裂力学提出了简单适用的双 K 断裂准则模型。该准则认为:当裂缝尖端的应力强度因子达到混凝土的起裂韧度 K_{IC}^{ini} 时,裂缝扩展开始;当裂缝尖端的应力强度因子大于起裂韧度 K_{IC}^{ini} 但小于混凝土的失稳断裂韧度 K_{IC}^{un} 时,裂缝稳定扩展;当应力强度因子达到失稳断裂韧度时,裂缝处于临界状态;当应力强度因子大于失稳断裂韧度 K_{IC}^{un} 时,裂缝失稳扩展。

为了观察小尺度混凝土三点弯曲梁中裂缝扩展情况及观察贴光弹片和应变片大尺度混凝土紧凑拉伸试件中裂缝扩展情况,Xu 和 Reinhardt[180,181]通过激光散斑法发现裂缝的扩展存在起裂、稳定扩展和失稳扩展三个阶段。双 K 断裂准则的简明之处在于只需要混凝土起裂韧度 K_{IC}^{ini} 和失稳断裂韧度 K_{IC}^{un} 两个断裂参数,就可以区分混凝土裂缝扩展的不同阶段。因此,重要的是对这两个断裂参数值进行确定。由于黏聚力在虚拟裂缝面上的作用,起裂韧度 K_{IC}^{ini} 和失稳断裂韧度 K_{IC}^{un} 二者并非独立存在,二者之间有如下关系: $K_{IC}^{ini} + K_{IC}^{C} = K_{IC}^{un}$ (K_{IC}^{C} 为黏聚力引起的断裂韧度值)。

随后,Xu 和 Reinhardt 通过三点弯曲梁试验[182]、紧凑拉伸试验[183]和楔入劈拉试验[184]确定混凝土的双 K 断裂参数。通过试验测得的极限荷载 P_{max} 以及裂缝口张开位移临界值,根据线弹性断裂力学里关于裂缝口张开位移与裂缝长度之间的关系表达式求得临界等效裂缝长度 a_c ,用线弹性断裂力学求得混凝土的失稳断裂韧度 K_{IC}^{un} ;再根据裂缝的亚临界扩展量和黏聚力的分布表达式并结合线弹性断裂力学得到黏聚力引起的断裂韧度值 K_{IC}^{C} ,并由计算得到混凝土的起裂韧度 K_{IC}^{ini}。不过在求取 K_{IC}^{C} 时需要进行数值积分，计算较为麻烦。为此，Xu 和 Reinhardt[185] 提出了一种简单的计算方法，无须进行烦琐的积分，便可很方便地求得双 K 断裂参数。在双 K 断裂准则的基础之上，Xu 和 Reinhardt[186] 提出了基于黏聚力的 K_R 阻力曲线以描述裂缝扩展全过程。将阻力曲线的表达式表示为等效裂缝扩展量 Δa 的函数 $K_R(\Delta a)$，其大小为混凝土的起裂韧度与虚拟裂缝面上黏聚力产生的应力强度因子之和。外荷载产生的应力强度因子曲线表达式为 $K(P, a)$，根据两条曲线的关系判断裂缝扩展的不同状态。与传统的 K_R 阻力曲线不同，这种新的 K_R 阻力曲线认为：当阻力曲线位置高于应力强度因子曲线时，裂缝稳定扩展；而当应力强度因子曲线位置高于阻力曲线时，裂缝则失稳扩展。

此外，双 K 断裂准则和基于黏聚力的 K_R 阻力曲线准则可以用来研究几何试件中裂缝的扩展问题[180,181]。Zhao 和 Xu[187] 采用能量释放率 G 作为参量代替应力强度因子，从而提出了研究混凝土的断裂特性的双 G 断裂准则，该准则可作为双 K 断裂准则的一个有益补充。

随着对混凝土技术研究的深入，混凝土技术参数也在不断改进和提高，逐渐向高强、高韧性的方向迈进，高性能混凝土的断裂问题也引起了学者们的广泛关注。为研究高强混凝土的断裂问题，Navalurkar 和 Hsu[188] 通过试验和有限元分析法提出了一个非线性模型。研究表明，混凝土抗折强度、断裂过程区的长度、峰值后的荷载变形曲线受混凝土软化曲线形状的影响非常显著。Raghu Prasad 等[189] 指出，混凝土开裂截面上的应力分布受混凝土应变软化曲线的影响，根据截面力的平衡研究了高性能素混凝土三点弯曲梁的裂缝扩展情况并提出了一个新的断裂力学模型。研究发现，混凝土中掺入的粉煤灰、矿渣等矿物质材料在未水化的情况下，会在混凝土中产生一些裂隙,导致混凝土断裂区域尺度的增加。通常情况下,由于外加剂的大量掺入,高强混凝土的脆性会增加;而在高性能混凝土中掺入粉煤灰、矿渣等矿物质材料,会使混凝土的脆性减小。

随着混凝土断裂力学理论的发展,断裂参数的尺寸效应理所当然地成了学者们研究的热点。Bažant 在裂缝带模型[172]的基础上,研究指出[172]裂缝前缘各种形式的钝化现象是导致断裂参数尺寸效应的主要机制。随后,Bažant 等[190]通过大量试验和线性回归的方法确定了尺寸效应定律的参数,并在尺寸效应定律的基础之上提出了断裂能的新概念[191]。断裂能与试件的尺寸、形状以及加载方式无关,是材料固有的特性参数。同时利用脆性指数反映任何几何形状的试件或结构行为与线弹性断裂力学范畴和塑性极限分析的接近程度[192]。近来,Bažant 等[193]提出了关于尺寸效应方面的六大问题,并指出将尺寸效应纳入混凝土结构设计规范的重要性。

Issa 等[194,195]通过大量试验研究了混凝土断裂参数的尺寸效应。Issa 等[194]首先通过楔入劈拉试验研究了骨料大小等微观结构参数和试件尺寸等宏观结构参数对混凝土脆性断裂的影响。通过对试验结果的分析指出,混凝土断裂韧度关于无量纲化裂缝长度(裂缝长度与试件高度的比值)的变化率,随试件尺寸和最大骨料粒径的增加而增大[195]。Karihaloo 等[196]指出,混凝土抗拉强度的尺寸效应随试件尺寸的增大而增强,但随着裂缝长度相对于试件尺寸的减小而减弱。Raghu Prasad 等[189]通过对高性能素混凝土梁的断裂分析发现,混凝土的软化模量和最大拉应力随着梁高度的增加而降低,而且软化模量还随混凝土抗压强度的增加而降低。国内学者吴智敏等通过楔入劈拉试验[197-199]和三点弯曲梁试验[193,194]研究了双 K 断裂参数(起裂韧度 K_{IC}^{ini} 和失稳断裂韧

度 $K_{\text{IC}}^{\text{un}}$)以及裂缝尖端张开位移临界值 $CTOD_{\text{C}}$ 的尺寸效应。楔入劈拉试验的研究表明:当试件的高度大于 400mm 时,$K_{\text{IC}}^{\text{ini}}$、$K_{\text{IC}}^{\text{un}}$ 和 $CTOD_{\text{C}}$ 均与试件高度无关[197];当试件的初始缝高比大于或等于 0.4 时,$K_{\text{IC}}^{\text{ini}}$ 和 $CTOD_{\text{C}}$ 均与初始缝高比无关,而 $K_{\text{IC}}^{\text{un}}$ 始终与初始缝高比无关。三点弯曲梁的试验结果表明:$K_{\text{IC}}^{\text{ini}}$、$K_{\text{IC}}^{\text{un}}$ 和 $CTOD_{\text{C}}$ 均与试件的尺寸无关[199,200]。同时指出产生混凝土断裂韧度尺寸效应的主要原因是由于混凝土失稳断裂前存在着裂缝的亚临界扩展过程[199,200]。

此外,国内外有学者认为导致混凝土断裂韧度尺寸效应的主要原因是混凝土试件的边界效应。为此,Hu 和 Wittmann[201]定义了一个局部断裂能的概念,该局部断裂能随断裂过程区宽度的变化而变化。当裂缝接近试件的自由边界时,断裂过程区变窄,因此局部断裂能的值降低[201-202]。此外,Hu 和 Witttmann[203]引入了一个简单的渐近函数对边界效应进行分析,并定义了一个对比裂缝长度 a^*。渐近分析的结果表明,如果混凝土试件中裂缝的长度或剩余韧带的高度接近 a^*,则混凝土断裂韧度和断裂能的尺寸效应就不可避免。Duan 和 Hu 等[204,205]针对小尺寸试件,同时考虑试件前后两个自由边界的影响,研究了混凝土断裂参数的尺寸效应。结果发现,对于小尺寸试件,由于断裂过程区或是靠近试件的前边界或是靠近后边界,总是受前后边界的影响较大,因此无法充分扩展,导致得到的断裂参数具有明显的尺寸效应。但是如果断裂过程区距离试件的前后边界比较远,测得的断裂韧度则没有尺寸效应。赵艳华等[206,207]指出混凝土断裂能的尺寸效应是由局部断裂能在韧带上分布不均匀引起的,而这种不均匀性受试件边界条件的影响。换句话说,传统意义上断裂能的尺寸效应是由试件边界条件的不同引起的[206]。当试件尺寸足够大时,边界效应可以忽略,试验中测得的断裂能即为混凝土真实的断裂能[206]。在此基础上提出了计算无尺寸效应的断裂能的模型[207]。

　　在补强材料与混凝土基体界面的黏结问题中,依据断裂力学理论,认为当外荷载与界面黏结应力共同作用产生的能量释放率达到其临界值时,界面裂缝开始扩展并导致界面发生黏结破坏。学者们通常以素混凝土为研究对象来研究混凝土的断裂特性,首先在混凝土梁的跨中预制裂缝,然后对混凝土梁实施三点弯曲试验来研究裂缝扩展过程,并依据断裂力学理论计算混凝土的断裂韧度。在工程实际中,要进行加固的混凝土梁往往是带裂缝工作的,采用 FRP 等补强材料的目的是控制裂缝的扩展、减小裂缝的宽度。学者们[12,13]为了研究加固后梁的断裂特性、承载力以及延性,在跨中预制裂缝的混凝土梁底端贴上 FRP,并对其进行理论和试验研究。

　　Wu 和 Davies[12]用 FRP 板加固了素混凝土三点弯曲梁,并提出了计算其承载力的理论模型。依据 Wu 和 Davies[12]的模型理论,Wu 和 Bailey[13]研究了 K_R 阻力曲线和加固梁韧性随材料与几何参数的变化情况。Wu 和 Ye[14]研究了 FRP 筋混凝土梁的断裂问题。FRP 筋能控制跨中混凝土裂缝的扩展和张开。试验结果还表明,预制裂缝的断裂过程区越长,被加固混凝土梁的抗裂阻力和承载力的提高幅度越大。此外,被加固梁的承载力随裂缝开始扩展长度的增加而降低,但梁的配筋率越高其降低程度越小。Alaee 与 Karihaloo[15]研究了带裂缝的钢筋混凝土梁用纤维增强混凝土板(又称 Cardiff 板)进行加固的情况,基于断裂力学理论提出了加固梁极限弯矩的计算公式。

　　易富民[208]通过混凝土三点弯曲梁的外贴碳纤维布(CFRP)加固试验,研究外贴 CFRP 对混凝土梁断裂特性的影响。试验通过在混凝土表面粘贴应变片来监测混凝土的起裂,由夹式引伸仪测得荷载-裂缝口张开位移曲线,发现该曲线除混凝土起裂点外,还存在另外两个临界点。在此基础上,基于虚拟裂缝模型计算了三个临界点的应力强度因子。研究表明，外贴 CFRP 加固混凝土梁能明显提高梁的极限承载力和延性，减小梁的挠度，同时可延缓混凝土裂缝的扩展。

陈瑛等[209]为了研究 CFRP-混凝土的 Ⅱ 型和混合型断裂能量释放率(Energy Release Rate，ERR)，进行了铝板调整 CFRP-混凝土 4ENF 断裂试验，根据 Timoshenko 梁(TB) 模型、双参数弹性基础上的四点受弯端部切口试件(four point bending end notched flexure specimen，4ENF) 柔度模型和多亚层柔性节点模型的 J 积分方法求得了 ERR。研究结果表明：在相同的黏结条件下，Ⅱ 型或混合型断裂破坏方式有三种：①剥离发生在胶层-混凝土界面和界面混凝土上；②剥离始于胶层–混凝土界面或界面混凝土上且混凝土梁发生破坏；③剥离发生在界面混凝土上且混凝土梁发生破坏。Ⅱ 型或复合层刚度大于混凝土刚度的混合型断裂试件，可以获得较高的 ERR。若复合层刚度小于混凝土层刚度，裂缝始于胶层–混凝土界面，发展到一定长度后沿界面混凝土发展，并导致混凝土发生斜拉破坏，ERR 很低。

有关外贴 FRP 加固预裂混凝土梁的研究工作，Leung[16]基于线弹性理论，分析了外贴 FRP 加固混凝土梁跨中弯曲裂缝引起 FRP-混凝土界面剥离的可能性，建立了裂缝张开位移和 FRP-混凝土界面最大剪应力的关系式。Wang[210]基于黏聚力模型研究混凝土梁跨中弯曲裂缝引起的 FRP-混凝土界面剥离破坏，得到 FRP-混凝土界面剪应力分布及 FRP 板横截面正应力分布的解析表达式。Niu 等[211,212]采用有限元方法，分别研究多条垂直裂缝、单一垂直裂缝与斜裂缝共同作用下 FRP 加固混凝土梁的极限承载力和 FRP-混凝土界面剥离破坏特性。虽然已有学者提出理论模型或采用数值方法对 FRP 加固的带裂缝混凝土结构进行分析，但研究理论还不够成熟，仅考虑了混凝土裂缝对 FRP-混凝土黏结界面特性的影响或 FRP 对混凝土裂缝的控制作用,FRP 加固混凝土结构的断裂破坏机理尚不明确,而且缺乏试验验证。

1.3　研　究　意　义

纤维增强复合材料(Fiber Reinforced Polymer,FRP)使用较多的有碳纤维增强塑料(Carbon Fiber Reinforced Plastic,CFRP)、玻璃纤维增强塑料(Glass Fiber Reinforced Plastic,GFRP)以及芳纶纤维增强塑料(Aramid Fiber Reinforced Plastic,AFRP),其中 CFRP 以其耐腐蚀、耐久性好、高强度质量比,且施工便捷、速度快受到广大研究工作者的推崇[213]。虽然 FRP 在土木工程中的应用和研究历史不长,其已得到国际学术界的普遍认同,成为各国研究开发的热点,并已取得大量有价值的研究成果。但纵观各方面的研究情况,还存在如下问题有待探索和突破:

(1) 从采用 FRP 材料加固混凝土结构的加固形式来看,经历了 FRP 片材外贴加固混凝土构件、外贴预应力 FRP 片材加固混凝土构件、嵌入 FRP 加固混凝土构件。对于外贴片材加固,片材的受力是以混凝土的受拉剪为根基,所以片材的剥离是一个根本性的问题,且受混凝土强度制约,FRP 片材的强度难以充分发挥,高强 FRP 片材的使用受到限制,且加固后混凝土构件的使用性能难以得到改善。

(2) 外贴预应力 FRP 片材,虽能明显改善混凝土构件的使用性能,但在被加固构件进入极限状态后,FRP 片材的剥离问题同样存在。

(3) 尽管内嵌 FRP 与外贴 FRP 片材相比有许多优点,但在构件不卸载、卸载不充分或构造措施不当时,内嵌在混凝土中的 FRP 强度仍难充分发挥作用,增大 FRP 的断面又受到保护层厚度及构件横向尺寸的限制。为此,人们通过对 FRP 片材施加预应力的方法来克服以上不足,先对 CFRP 筋施加预应力,再将其嵌入混凝土梁表层预先开好的槽道内(抗弯槽或抗剪槽),灌封以专用树脂胶粘剂,同时辅之以 CFRP 片材表层局部粘贴,提高混凝土梁对 CFRP 筋锚固黏结作用,进而改善被加固混凝土梁的工作性能,提高其承载能力等[214-216]。

(4)就内嵌预应力 FRP 而言,无论是片材还是筋材,其端部的锚固技术复杂且可靠性难以保证,开发研制了黏结式夹具、挤压式夹具、不锈钢与混凝土锚具、夹片式及灌浆式螺丝端杆锚具等,但锚固效果不太理想。所以对于预应力 FRP 加固(包括外贴和嵌入)混凝土构件,可靠而有效的端部锚具将是此项技术推广的瓶颈。

(5)FRP 加固混凝土梁存在的第一个理论问题是外贴或内嵌在混凝土梁上的 FRP,其与梁内钢筋的应变协调关系如何,是否满足传统的平截面假定,若不满足平截面假定,那么钢筋应变和 FRP 的应变又满足什么关系?

(6)FRP 加固混凝土梁存在的第二理论问题是加固体系中各材料界面特性问题。从一般的加固体系看,其中含有混凝土、钢筋、胶粘剂、FRP,每两种材料的界面几乎都是体系承载力的薄弱环节,其界面的特性理论不明了。外贴 FRP 加固混凝土梁在 FRP 板材端部存在奇异点,板端和板边厚度的突变存在应力集中;内嵌 FRP 加固混凝土梁,其破坏模式取决于混凝土与胶粘剂界面、FRP 与胶粘剂界面、胶粘剂剪切变形性能、胶粘剂与混凝土剪切强度的对比等诸多要素的相对强弱关系,由一般的界面理论和某一假定的破坏模式,难以对其破坏强度做出相对精确的理论推演,这些问题要加紧探索。

有关粘贴和内嵌 FRP 类材料加固混凝土梁的文章,都是以平截面假定为基础[217-240],进行测试结果的整理和理论公式的推导的。而要满足平截面假定,保证胶层厚度均匀且胶层不发生剪切变形是关键,但在试验中很难做到这一点。因为在加固梁体系中,混凝土梁与 FRP 板之间有一层厚度不等的胶粘剂,当梁受到外荷载作用且在混凝土梁开裂之前,由于胶粘层的滑移或剪切变形,混凝土梁、胶粘剂和 FRP 板在几何上虽然是连续的,但实际上胶粘层的厚度及均匀性已经发生变化,所以应变协调关系已不满足平截面假定。加固混凝土梁开裂以后,FRP 与混凝土之间存在有一定的相对滑移;严格来说,在破坏截面的局部范围内,FRP 板的应变及梁内钢筋的应变已偏离了压区混凝土应变分布的直线关系,但是构件的破坏总是发生在一定长度区段内。分析表明,实测的量测标距相当于裂缝间的平均应变,钢筋的应变仍然符合平截面假定,只是 FRP 板的应变较平截面假定的计算值相对较小;且 FRP 板的应变与钢筋应变之比符合一定的关系,其又与 FRP 板厚度有关,要确定这一关系式,还必须弄清 FRP 板中应力沿 FRP 板厚度的分布情况。另外,进行应变测试只是一种外在行为,而界面特性分析才是基础。因此,上述所得成果的基本理论基础还不完善,而进行粘贴和内嵌 FRP 类材料加固混凝土梁应变协调关系的研究就显得极为重要。本书就是针对粘贴和内嵌 FRP 类材料的具体特点,进行加固混凝土梁应变协调关系的试验研究、理论计算和界面特性研究,以期弥补国内外在该领域试验和理论研究的不足,推动 FRP 类材料加固混凝土结构在工程界的广泛应用。笔者及其导师课题组在过去研究 FRP 类材料加固混凝土梁的过程中,提出了粘贴 FRP 类材料加固混凝土梁应变协调的准平面假定[241-244];对于组合梁,在有效高度内,混凝土梁截面上任一点的应变大小与该点到混凝土梁中心轴的距离成正比;而在有效高度外,FRP 板的应变与钢筋的应变满足一定的比例关系,这一研究为本书的编写奠定了一定的基础。

1.4　本书研究的内容

（1）完成了 4 根 CFRP 板加固 π 型混凝土梁、4 根 CFRP 板加固普通混凝土梁、8 根 CFRP 筋加固宽缺口混凝土梁、8 根 CFRP 筋加固普通混凝土梁的静载试验，研究了其承载能力、变形特征、裂缝发展等基本特性。

（2）提出了在被加固混凝土梁纯弯段部分切除表层混凝土构建 π 型混凝土梁的工法，用 π 型混凝土梁来研究 CFRP-混凝土的界面特性及 CFRP 的受力情况和应变测试，尤其是界面平均剪应力测试方便且符合混凝土梁的实际受力情况。因此，π 型混凝土梁用于研究加固混凝土梁的断裂特性具有明显的优势。

（3）从理论上分析了 CFRP 加固宽缺口混凝土梁的应变协调关系，创造性地构建了求取 CFRP 应变的准平截面假定，依据该假定导出的 CFRP 加固宽缺口混凝土梁和 CFRP 加固普通混凝土梁的极限承载能力计算公式，满足规定的精度要求。

（4）在应变协调的准平面假定前提下，分析了 CFRP 板（筋）-混凝土界面黏结-滑移特征，建立了 CFRP 筋加固宽缺口混凝土梁的黏结-滑移本构关系模型，回归得到了 CFRP 加固混凝土梁，CFRP 板（筋）-混凝土界面平均黏结剪应力及剥离承载力的经验计算公式。

（5）分析了拉剪应力条件下，宽缺口素混凝土梁裂纹张开和闭合的力学特征，用数值模拟的方法得到了 I、II 型裂纹尖端的应力强度因子计算式和扩展角的解析式。通过翼型裂纹尖端应力强度因子的叠加模型，得到了在有效剪应力作用下翼型裂纹扩展的方向。通过断裂试验观察和数值模拟分析，得到了宽缺口混凝土梁四点弯曲条件下的裂纹扩展方向、扩展角和垂直位移、最大主应力、剪应变率及塑性区的分布特征。

CFRP 加固宽缺口混凝土梁试验

2.1 引　言

所谓"宽缺口混凝土梁"是为研究 CFRP-混凝土界面特性而构造的异性混凝土梁,其工法是在混凝土梁的纯弯段将混凝土保护层部分切除,使梁的侧立面中段形成如"π"字形的缺口,这样构造的混凝土梁叫宽缺口梁。混凝土梁的宽缺口是为研究 CFRP 板(筋)-混凝土界面特性而采取的临时试验措施,宽缺口混凝土梁是为研究界面特性而构造的异型混凝土梁。其优点是加固材料受力明确,界面特性研究方便。本章通过对外贴或内嵌 CFRP 加固普通混凝土梁和宽缺口混凝土梁的宏观强度特性、刚度特性、承载能力、变形能力及裂缝发展情况展开研究,探讨不同的加固材料和加固方式对(宽缺口)混凝土梁静载特性的影响,深度探求 CFRP 加固(宽缺口)混凝土梁的破坏模式,进而探明避免梁体发生早期黏结破坏的技术措施。

2.2 试验材料的力学性能

2.2.1 结构胶粘剂的力学性能

无论是内嵌加固法还是外贴加固法,外来加固材料借助结构胶粘剂与混凝土梁的粘贴质量对加固效果起着关键性作用。胶粘剂牢固的黏结才能确保混凝土梁与加固材料之间的黏结强度足以抵抗界面的剪切应力。为确保胶粘剂与加固材料、胶粘剂与混凝土之间有较高的黏结强度且便于施工,国外大都采用具有高黏结强度的黏结材料,来进行结构加固的试验研究和工程实践。也可以采用水泥砂浆替代树脂,但在实际应用中水泥砂浆的黏结能力不如树脂的强,而且水泥砂浆容易产生细小裂缝。瑞典的 Hakan Nordin 选取水泥砂浆和树脂作为黏结材料进行试验,试验表明,采用水泥砂浆作为黏结材料加固时,梁的极限承载力提高 56.3%,而用树脂时梁的极限承载力提高 77.2%[245]。

为满足混凝土结构加固的要求,在选取结构胶时应使用黏结强度高、弹性模量大、线膨胀系数小、耐老化、温度变形较小的刚性胶种,并通过改进配方及工艺措施进一步降低其变形量。而且,还必须综合考虑被加固混凝土梁的受载情况、裂损情况、梁体所处环境以及梁的服务年限等情况,以达到设计的预期目的。

在我国,建筑结构胶的使用可以追溯到 20 世纪 60 年代。福州大学于 1965 年配制了环氧结构胶用于加固某水库溢洪道混凝土断裂闸墩、某 20m 跨屋架和 9m 跨渡槽工字梁;同期鞍山修建公司研制了型号为 CJ-1 的建筑结构胶,用于补强加固梁和柱。1978 年,法国的 SIKADUR-31 建筑结构胶由斯贝西姆公司用于对辽阳石油化纤公司引进项目的一些混凝土构件进行了粘贴钢板加固。1981 年,我国第一代 JGN-Ⅰ、JGN-Ⅱ 建筑结构胶由中国科学院大连物理化学研究所研制成功。JGN 型建筑结构胶粘剂的成功研制极大地推动了我国混凝土结构加固技术的发展。我国对结构胶的研究始于 20 世纪 80 年代,随即将之用于结构试验和工程应用中。目前,应用较多的结构胶有中国科学院大连物理化学研究所研制的 JGN 系列结构胶、冶金建筑研究总院研制的 YJS 系列胶粘剂、原武汉水利水电大学研制的 WSJ 系列建筑结构胶、南京海拓复合材料有限责任公司的 Lica 型结构胶,这些结构胶适用于−30～80℃的潮湿界面[167]。

本次试验采用的结构胶粘剂是 Lica-200 型环氧树脂类建筑结构胶,该胶由南京海拓复合材料有限责任公司生产,其拉伸剪切强度高、抗冲击、耐老化、耐疲劳性能优良。经国家检测中心认证检验,Lica-200 型建筑结构胶各项技术指标均满足《混凝土结构加固设计规范》(GB 50367—2013)的要求,Lica-200 型建筑结构胶检测结果如表 2-1 所示。

表 2-1　Lica-200 型胶粘剂检测结果

样品名称:Lica-200 型碳纤维结构胶(编号:BETC-HJ-2011-A-88)

序号	项目名称	检测条件 (℃)	性能指标		检测结果	结果评定
			A 级胶	B 级胶		
1	胶体轴心抗拉强度(MPa)	23±2	≥30	≥25	35.6	A 级
2	胶体抗拉弹性模量(MPa)	23±2	≥3.5×10³		3.7×10³	A 级
3	胶体拉伸断裂伸长率(%)	23±2	≥1.3	≥1.0	1.4	A 级
4	胶体抗压强度(MPa)	23±2	≥65		68.3	A 级
5	胶体抗弯强度(MPa)	23±2	≥45	≥35	73.0	A 级
6	拉伸剪切强度(MPa)	23±2, 钢/钢	≥15	≥12	16.9	A 级
7	正拉黏结强度(MPa)	23±2, 钢/混凝土	≥2.5		3.8	A 级

注:在钢板和混凝土的正拉黏结强度试验中,均为混凝土破坏。混凝土强度等级为 C40。

2.2.2　CFRP 的力学性能

CFRP 是碳纤维增强织物相浸润在改性环氧树脂基体中经固

化后形成的。CFRP 中的增强织物包括碳纤维布（Carbon Fiber Sheet）、碳纤维板（Carbon Fiber Plate）、碳纤维筋（Carbon Fiber Bar）等。碳纤维具有一般碳材料的特性，耐高温、耐摩擦、导电、导热、膨胀系数小、质量小和抗拉强度高，其主要特性包括：(1)抗拉强度高、抗剪强度低。抗拉强度一般在 3000MPa 以上，而抗剪强度只有抗拉强度的 10％。(2)弹性模量大。其弹性模量一般在 210GPa 以上。(3)抗疲劳性能好。(4)耐腐蚀。在酸碱环境下性能稳定。(5)耐久性好。对 X 射线透过性非常优越。(6)比热介于金属和树脂之间。(7)纵向热膨胀系数很小，为 $(-1\sim0)\times10^{-6}/℃$；横向热膨胀系数为 $(22\sim50)\times10^{-6}/℃$。(8)碳纤维导电。碳纤维的电导率随着石墨化程度的增大而增大。

在混凝土结构加固与改造工程中使用的 CFRP，主要是利用它的高强性能、耐高温性能和耐久性能等。CFRP 中的碳纤维可以耐 275℃ 的温度而不发生强度损失，其蠕变疲劳性能比玻璃纤维和芳纶纤维的都要好。树脂基体的玻璃化转变温度 T_g（Glass transition temperature）在 60～82℃ 之间；当树脂基体温度超过其玻璃化转变温度时，树脂的分子结构会发生变化而降低强度。1993 年，Kumahara[245] 在研究中发现，在远高于树脂基体玻璃化转变温度 T_g 时（250℃），CFRP 的强度降低超过 20％。1997 年，Yamaguchi[246] 经过 50 万小时的试验后，发现三种纤维复合材料蠕变破坏时的应力水平与静载强度的比值分别是：碳纤维 0.91、玻璃纤维 0.3、芳纶纤维 0.47。CFRP 在经过 100 万次疲劳试验后，疲劳强度的典型值为静载强度的 60％～70％；并且只要环境不影响树脂的性能，该值不会随着环境温度和湿度的变化而有显著的变化。ACI-440F 建议取 CFRP 疲劳强度值为静载强度的 0.55 倍。耐久性能是考量 CFRP 长期性能的一个重要参数，人们通过室内加速试验来推断 CFRP 的耐久性能或长期性能，试验结果如表 2-2 所示。

表 2-2　FRP 的耐久性能

FRP 种类　性能指标	CFRP	AFRP	GFRP
耐碱性能	95%	92%	15%
耐酸性能	100%	60%~85%	100%
紫外线辐射	100%	45%	81%
静力疲劳	91%	46%	30%
动态疲劳	85%	70%	23%
冻融循环	100%	100%	100%
高温性能	80%	75%	80%
耐火性能	75%	65%	75%

注:表中数值表示占静载强度的百分比。

　　鉴于 CFRP 复合材料的诸多优点,近十几年来,该材料广泛应用于混凝土结构加固与改造工程中,主要包括简支梁板正截面加固、斜截面加固;约束混凝土柱加固;梁柱节点加固等,并取得了一定成果。本试验采用了南京海拓复合材料有限责任公司提供的 CFRP 筋和 CFRP 板对混凝土梁进行补强加固,先对 CFRP 的力学性能展开测试。结果见表 2-3 和表 2-4。

表 2-3　CFRP 筋的主要力学性能

项目名称	标准值	实测值	判定结论	参照标准
直径(mm)	8±0.10	7.93	合格	
抗拉强度(MPa)	1680~2450	1870	合格	GB/T 13096—2008
弹性模量(GPa)	140~135	147	合格	GB/T 13096—2008
延伸率(%)	1.30~1.50	1.34	合格	GB/T 13096—2008

表 2-4 CFRP 板的主要力学性能

项目名称	技术指标		检测结果	单项评定
	高强度Ⅰ级	高强度Ⅱ级		
抗拉强度标准值（MPa）	≥2400	≥2000	2504.6	高强度Ⅰ级
受拉弹性模量（MPa）	≥1.6×10^5	≥1.4×10^5	1.7×10^5	高强度Ⅰ级
伸长率（%）	≥1.7	≥1.5	1.7	高强度Ⅰ级
层间剪切强度（MPa）	≥50	≥40	51.1	高强度Ⅰ级
仰贴条件下 CFRP 板与混凝土正拉黏结强度（MPa）	≥2.5 且混凝土内聚破坏		4.1且混凝土内聚破坏	高强度Ⅰ级

2.2.3 钢筋与混凝土的力学性能

试验所用钢筋的主要力学性能指标如表 2-5 所示。

表 2-5 钢筋的主要力学性能指标

钢筋类型	屈服强度（MPa）	极限强度（MPa）	弹性模量（MPa）	伸长率（%）
Φ8	300	420	2.1×10^5	23
Φ14	335	455	2.0×10^5	54

试验中,混凝土强度等级为 C30 级,试验梁浇筑一次完成。同时制作了 1 组 150mm×150mm×150mm 的立方体标准试件 10 个,在与试验梁同样的环境条件养护 28 天后进行混凝土立方体抗压强度试验,并按标准取其混凝土的立方体强度 f_{cu}。混凝土试块在养护完成后,在北京三宇伟业试验机有限公司生产的 SYE-2000 型压力试验机(精度等级Ⅰ)上进行试压。试压时,全截面受力的试块表面不涂润滑剂,加荷速度为 3~5kN/s,由试验结果和数据分析

可知,其承载力如表 2-6 所示。

表 2-6　混凝土的主要力学性能指标

试件编号	力值(kN)	立方体抗压强度(MPa)	平均值(MPa)
1	720	32.00	
2	698	31.02	
3	634	28.18	
4	687	30.53	
5	597	26.53	30.09
6	738	32.80	
7	660	29.33	
8	620	27.56	
9	739	32.84	

2.3　模型梁的设计与制作

2.3.1　模型梁设计

按照梁体制作的构造要求,并结合模板尺寸,为了方便浇筑,用于试验研究的混凝土梁的宽度 b 设计为 150mm,取混凝土梁的高宽比为 2,则高度 h 为 300mm,同时取试验梁的跨高比为 8.0 左右,取梁的跨度 $l = 2300$mm 和长度 $L = 2600$mm;梁底部纵筋选用 2 ⌀ 14($A_s = 308$mm², 配筋率 $\rho = 0.76\%$);架立筋选用 2 ⌀ 8($A'_s = 101$mm²);纵筋净保护层厚度 $c = 30$mm,$a_s = 30 + 8 + 7 = 45$mm,架立筋净保护层厚度 $c' = 25$mm,$a'_s = 25 + 8 + 4 = 37$mm,则混凝

土梁的有效高度 $h_0=255\mathrm{mm}$；在梁跨中 1/3 长度上选用φ8@150（$A_{sv}=335\mathrm{mm}^2$）箍筋，梁两端靠近支座 1/3 处选用φ8@100（$A_{sv}=503\mathrm{mm}^2$）箍筋进行抗剪；混凝土梁共浇筑 27 根，模型梁的尺寸及配筋如图 2-1 所示。

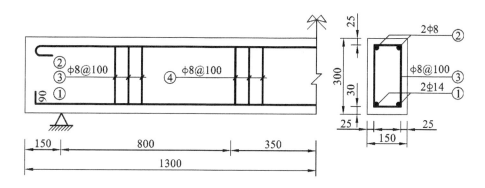

图 2-1　模型梁的尺寸及配筋

2.3.2　制作混凝土梁

（1）混凝土配合比

按照强度等级为 C30，对混凝土基准配合比进行计算，并视现场浇筑情况进行适当调整。其设计配合比见表 2-7。水泥为 42.5 级普通硅酸盐水泥，细骨料的细度模数为 2.5，表观密度为 $2700\mathrm{kg/m^3}$，粗骨料的最大粒径为 19.0mm，表观密度为 $2730\mathrm{kg/m^3}$。

表 2-7　混凝土配合比设计表

设计强度	每立方米混凝土用料量（kg）				水胶比（W/C）	配合比
	水泥	细骨料	粗骨料	水		
C30	385	640	1184	196	0.51	1：1.67：3.10

（2）试件梁的浇筑

浇筑完成的混凝土梁照片如图 2-2 所示。

　　　　（a）　　　　　　　　　　　　　　　（b）

图 2-2　构件照片

试验混凝土梁对混凝土保护层厚度要求极为严格,在混凝土梁制作过程中对其采取了严格的控制措施。具体包括:①确保纵向钢筋位置正确、绑扎方法合理、绑扎牢固;②支模、扎筋、浇筑混凝土时注意对钢筋的保护,发现偏位时立即复位;③在箍筋上焊接钢筋短柱,保证短柱在箍筋的下表面伸出长度为 30mm,每个钢筋笼子上共均布焊接有 6 个支点,两边各 3 个支点;④及时检查并解决施工过程中出现的问题。

（3）混凝土梁的养护

为了防止浇筑后因混凝土水分散失而引起混凝土强度降低和混凝土表面出现裂缝、剥皮起砂的现象发生,对混凝土梁采用草栅覆盖并浇水养护;养护的前 10 天每 40min 浇水 1 次,第 11～15 天每天浇水 3 次,第 16～21 天每天浇水 2 次,以后采用自然养护。预留的混凝土立方体试块同条件养护,以使试块和试件具有相同的强度值。

2.4 加固方案的确定

本试验共设计 27 根试验梁，包括 3 根对比梁，24 根加固梁，以不同 CFRP 材料、不同加固量及不同加固方式为主要试验参数对不同形状的钢筋混凝土梁进行加固，并对其进行弯曲性能的测试。宽缺口试验梁和普通试验梁的开槽位置、外贴位置及尺寸示意图见图 2-3。

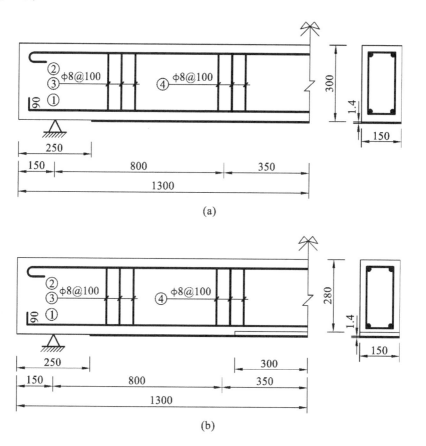

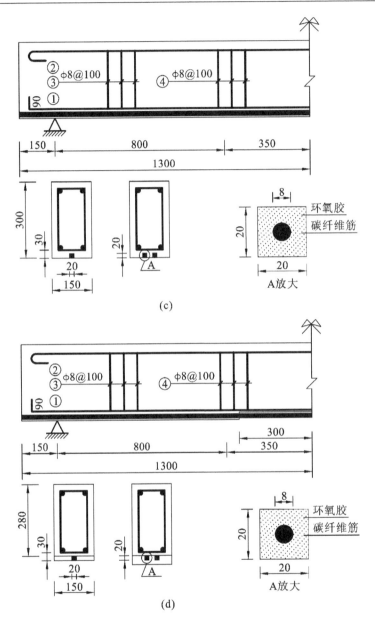

图 2-3　开槽尺寸和位置示意图

(a)EBR CFRP 板尺寸示意图;(b)EBRK CFRP 板尺寸示意图;

(c)NSM CFRP 筋开槽尺寸示意图;(d)NSMK CFRP 筋开槽尺寸示意图

试件的详细情况见表 2-8,并做如下说明:

表 2-8 加固梁类型

梁编号	CB	NSMK1	NSMK2	EBRK	NSM1	NSM2	EBR
加固量		1	2	3 片	1	2	3 片
加固材料		CFRP 筋	CFRP 筋	CFRP 板	CFRP 筋	CFRP 筋	CFRP 板
梁的根数	3	4	4	4	4	4	4
CFRP 材料尺寸		$\phi 8mm$	$\phi 8mm$	宽 50mm/片	$\phi 8mm$	$\phi 8mm$	宽 50mm/片

注:每片 CFRP 板长 2100mm;CFRP 筋沿梁通长嵌入。

(1)为了对比各种加固方式对混凝土梁性能的影响,在同批制作的各项参数完全相同的未加固混凝土梁(CB 梁)中,留置 3 根未加固梁作为对比混凝土梁,采用相同的试验方法加载,观测其开裂荷载、屈服荷载、极限荷载,记录其荷载与跨中挠度、纵向钢筋应变及 CFRP 的应变情况,从而分析各种加固方式的加固效果。

(2)内嵌 CFRP 筋加固混凝土梁(NSMK 系列和 NSM 系列)。在试验梁的受拉侧内嵌 1 根 CFRP 筋(NSM1)或内嵌 2 根 CFRP 筋(NSM2),采用与 CB 梁相同的加载方法施加静载,观测全过程的荷载、挠度及结构材料的应变,记录混凝土梁裂缝的出现、开展及梁破坏形态,从而将宽缺口 NSM 系列和 NSM 系列进行对比,同时与外贴 CFRP 板系列的加固效果进行对比。

(3)外贴 CFRP 板加固混凝土梁(EBRK 系列和 EBR 系列):在试验梁的受拉侧外贴 3 片宽 50mm 的 CFRP 板,采用与上述相同的加载方法施加静载,观测全过程的荷载、挠度及结构材料的应变,记录构件裂缝的出现、开展及构件破坏形态,从而将宽缺口 EBR 系列和 EBR 系列进行对比,同时与内嵌 CFRP 筋系列的加固效果进行对比。

内嵌 CFRP 筋加固混凝土梁的具体工艺步骤如下:

(1)用切割机在试验混凝土梁的底部混凝土保护层中开槽,槽宽为 20mm,深度也为 20mm,槽长 2600mm;然后用吹风机将混凝土槽中的粉屑清除,用丙酮将混凝土表面擦洗干净,确保混凝土表层保持干燥;同时将 CFRP 筋用丙酮擦洗干净。

(2)Lica-200 型环氧树脂类建筑结构胶粘剂分为 A、B 两组,用称重器按照质量比 2∶1 将环氧树脂和固化剂进行混合,装入专用的铝制搅拌器皿中,然后搅拌机在转速为 500r/min 的电机带动下对混合剂进行搅拌,搅拌机的搅拌头为特制的,使用搅拌器将胶体彻底搅拌 5min 左右至胶体呈现出均匀的金属灰色,搅拌时电动机沿同一方向转动,尽量避免胶粘剂中混入空气形成气泡。

(3)将胶粘剂拌好后灌入专用注胶枪,用注胶枪将胶粘剂依次注入清理干净的混凝土槽中,当槽中注入的胶粘剂量约为槽深的一半时,可暂停注胶。用手将 CFRP 筋轻轻压入槽里的胶粘剂中,再将槽中余下空腔用胶粘剂注满,最后用劈刀抹平槽口完成嵌入工序。嵌入 CFRP 筋后的所有混凝土梁,在随后的 12h 内不得扰动,在 25℃左右的室温环境条件下至少养护 3d。

外贴 CFRP 板加固混凝土梁具体的工艺步骤如下:

(1)用凿毛机对试验混凝土梁的底面混凝土进行凿毛(图 2-4),凿毛区域长度与 CFRP 板的长度相协调,为 2100mm(梁的两端各留长 250mm 的区域不凿毛);之后用吹风机将凿毛区域的混凝土粉屑吹除干净,用丙酮将混凝土表面擦洗干净,确保混凝土表层保持干燥和干净;同时把裁剪好的 CFRP 板的背面用砂纸打毛,并用

(a)　　　　　　　　　　(b)

图 2-4　梁底面凿毛图

(a)宽缺口梁底面凿毛图;(b)普通梁底面凿毛图

丙酮擦洗干净。

（2）用和内嵌法一样的办法混合胶粘剂并搅拌胶粘剂。

（3）将搅拌好的胶粘剂灌入专用注胶枪,用注胶枪将胶粘剂分散注入在凿毛区域上,用抹刀将分散的胶粘剂摊铺均匀,然后贴上CFRP板并用橡胶辊把CFRP板辊平,擦去板边多余的胶粘剂。备好的混凝土梁12h内不得扰动,至少养护3d。

2.5　试验测试内容

2.5.1　测点布置

依据试验研究的目的,试验中需要量测的参数包括:混凝土梁跨中位置处钢筋的应变、混凝土的应变、CFRP筋的应变和CFRP板的应变;被加固梁的整体挠度情况;裂缝的起裂荷载,裂缝宽度和长度及走向;分级加载的梯度大小等。试验应变量测采用传统的电阻应变片,测量系统为DH3818静态应变自动采集仪,用百分表对混凝土梁的挠度进行量测,裂缝使用显微裂缝仪来观察描绘记录。

应变测量仪器如图 2-5 所示。

图 2-5　应变测量仪器

试验量测的具体内容和准备工作如下：

（1）在混凝土梁浇筑之前，预先在纵向钢筋设计位置沿纵向布置应变片，每根钢筋沿其全长共布置 3 个应变片（图 2-6）。

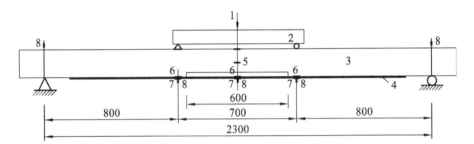

1—试验机加载头；2—分载钢梁；3—试验混凝土梁；4—CFRP板；
5—混凝土应变片；6—钢筋应变片；7—CFRP板应变片；8—百分表

(a)

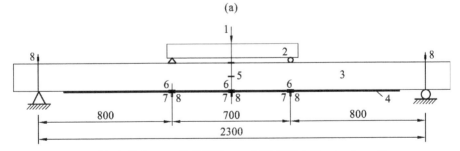

1—试验机加载头；2—分载钢梁；3—试验混凝土梁；4—CFRP板；
5—混凝土应变片；6—钢筋应变片；7—CFRP板应变片；8—百分表

(b)

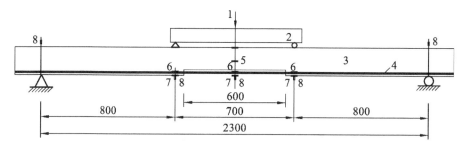

1—试验机加载头；2—分载钢梁；3—试验混凝土梁；4—CFRP筋；
5—混凝土应变片；6—钢筋应变片；7—CFRP筋应变片；8—百分表

(c)

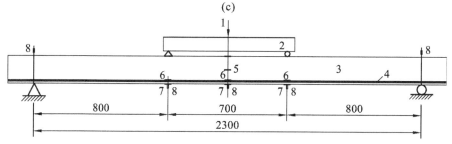

1—试验机加载头；2—分载钢梁；3—试验混凝土梁；4—CFRP筋；
5—混凝土应变片；6—钢筋应变片；7—CFRP筋应变片；8—百分表

(d)

图 2-6 试验梁加载及仪表布置图

(a)外贴 CFRP 板加固宽缺口混凝土梁；(b)外贴 CFRP 板加固混凝土梁；
(c)内嵌 CFRP 筋加固宽缺口混凝土梁；(d)内嵌 CFRP 筋加固混凝土梁

（2）在梁的跨中两侧表面沿梁高均匀粘贴 5 个混凝土应变片
（宽缺口梁，在梁的两侧沿梁高均匀粘贴 4 个应变片），观测梁高范
围内混凝土应变随荷载的变化情况。

（3）在每根 CFRP 筋和每片 CFRP 板的跨中及对应于分配梁
支座处布置 3 个应变片；对应于梁的弯剪段，每根 CFRP 筋和每片
CFRP 板布置间距分别为 50mm 或 100mm 不等的多个应变片，以
量测加载过程中的 CFRP 的受力情况及界面滑移情况。

（4）在试验混凝土梁的跨中、与分载梁支座对应的梁的底部、
梁支座处梁的上表面分别布置百分表位移计，用于量测整体挠度和

支座下沉量。

（5）试验过程中，用显微读数仪来观察混凝土梁的裂缝开展情况，并记录开裂荷载，标注裂缝的分布位置、荷载级别。试验测点布置如图 2-6 所示。

2.5.2　加载流程及试验装置

试验加载方式为静力单调加载，即对试验梁进行平稳的连续的荷载施加。用手动油压千斤顶配合反力架的正向加载装置，混凝土梁的纯弯段设计长度为 700mm，由分载梁来实施对试验梁四点弯加载，由压力传感器测试分级荷载的大小及荷载持续时间。试验加载制度指的是试验进行期间荷载与时间的对应关系，只有正确制定试验加载程序和加载制度，才能确切了解构件的承载力和变形特性，所得试验结果才能相互比较。

（1）加载程序

确定了荷载种类及加载图式后，还应按照拟定的程序对混凝土梁进行加载。其加载程序分为预载、标准荷载和破坏荷载 3 个阶段，加载和卸荷均分级实施。

（2）荷载大小

试验的预载分三级进行，每级荷载的大小不超过标准荷载的 20%，再分级卸载，二到三级卸完。

标准荷载试验。每级加载值取标准荷载的 20%，分五级加到标准荷载；在标准荷载之后，每级加载值的大小取标准荷载的 10%，当荷载达到计算破坏荷载的 90% 时，加载的每级荷载取标准荷载的 5% 即可。

卸载按加载级距荷载大小的两倍一次卸完。

（3）荷载持续时间

每级荷载持续的时间不少于 10min。在使用荷载作用下荷载持续时间不宜少于 30min。试验装置如图 2-7 所示。

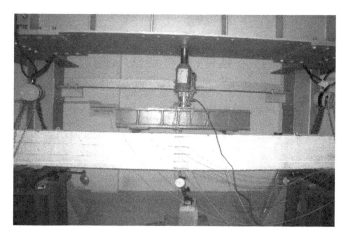

图 2-7　试验装置及实际加载

2.6　试　验　过　程

本次试验中,混凝土梁的破坏过程如图 2-8 所示。

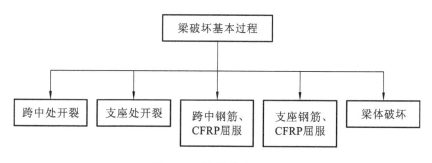

图 2-8　梁的破坏过程

2.6.1　内嵌 CFRP 筋加固宽缺口混凝土梁试验过程

对于按适筋梁设计的对比梁 CB 梁来说,破坏过程为受拉钢筋屈服、压区边缘混凝土被压碎。按照前述加载制度进行加载,当荷载加载到 15kN 时,第一条弯曲裂缝出现在梁跨中;加载至 90kN 时,梁内纵筋开始屈服,裂缝数量不增加但裂缝宽度和长度扩展加快,不断向梁顶受压区域延伸;随荷载继续加大,梁的挠度迅速扩大,混凝土被压碎。在梁破坏时,混凝土最大裂缝宽度达 3mm,梁体裂缝分布如图 2-9 所示。

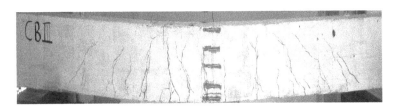

图 2-9   CB 梁裂缝分布

NSMK1 系列梁,当荷载加至 20kN 时,跨中出现第一条裂缝,宽度约 0.01mm,长度 13cm;当荷载为 15～40kN 时,新缝不多,宽度基本不变,往上延伸;当荷载为 60kN 时,裂缝宽 0.2mm,发展较快,裂缝高达整个梁的 2/3;当荷载为 80kN 时,新裂缝较少,距支座 25cm 处有斜裂缝;当荷载加至 100kN 时,距支座 11cm 处有斜裂缝,裂缝宽为 0.5mm;当荷载为 120～140kN 时,裂缝发展较快,120kN 时跨中钢筋屈服,裂缝宽 2mm,130 kN 时支座钢筋屈服;当加载至 140kN 时,支座裂缝为 1.5mm[图 2-10(a)],裂缝间距一般在 5～8cm,支座第一条裂缝产生后,随后便发展很快;当结构达到极限状态时,裂缝宽 2mm[图 2-10(b)],CFRP 筋劈裂破坏,混凝土被压碎。

NSMK2 系列梁,当荷载加至 20kN 时,跨中出现第一条裂缝,宽度约 0.01mm,长度 12cm;当荷载为 15～35kN 时,裂缝发展缓慢,宽度基本不变,新缝较少,裂缝竖向延长缓慢;当荷载为 40～60kN 时,新裂缝增多,裂缝宽度基本不变;当荷载为 70kN 时,裂缝高达整个梁的 2/3,宽度为 0.02mm;当荷载加至 100kN 时,距支座

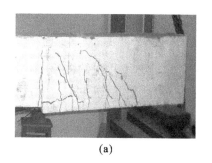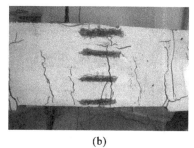

(a) (b)

图 2-10 NSMK1 裂缝图

(a)试验梁支座处裂缝;(b)试验梁跨中裂缝

17cm 处产生斜裂缝,裂缝宽为 0.05mm;当荷载为 110kN 时,裂缝为 0.05mm;当荷载为 130kN 时,斜裂缝宽 0.1mm,跨中裂缝1.2mm,裂缝条数增加缓慢,由此可见,内嵌 2 根 CFRP 筋的试验梁对裂缝发展的制约作用要比内嵌 1 根 CFRP 筋的试验梁好;当荷载为 140kN 时,跨中钢筋屈服;当荷载为 150kN 时,支座钢筋屈服;当荷载加至 160kN 时,跨中裂缝宽度为 2mm[图 2-11(a)],支座裂缝 1.2mm[图 2-11(b)];当结构达到极限状态时,一根 CFRP 筋劈裂破坏,分载梁处的混凝土被压碎,混凝土底部断裂。

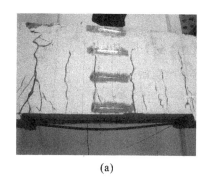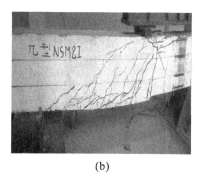

(a) (b)

图 2-11 NSMK2 裂缝图

(a)试验梁跨中裂缝;(b)试验梁支座处裂缝

2.6.2 外贴 CFRP 板加固宽缺口混凝土梁试验过程

EBRK 系列梁,当荷载加至 15kN 时,跨中出现第一条裂缝,宽度约为 0.01mm;继续加载,裂缝宽度和条数都有所增加;当荷载为 10～50kN 时,缝发展缓慢,宽度基本不变,新缝较少,裂缝竖向延长;当荷载加至 70kN 时,距支座 10cm 处斜裂缝高达整个梁的 2/3;当荷载加至 80kN 时,距支座 3.5cm 处产生裂缝,宽约为 1.2mm;当荷载加至 100kN 时,两端支座处都产生斜裂缝,并且钢筋屈服;当结构达到极限状态时,跨中裂缝宽为 1.5mm[图 2-12(a)]。CFRP 板把混凝土底部拉断[图 2-12(b)],一声巨响,分载梁处的混凝土被压碎,由此可见外贴 CFRP 板加固宽缺口混凝土梁的加固效果不如内嵌 CFRP 筋加固宽缺口混凝土梁。

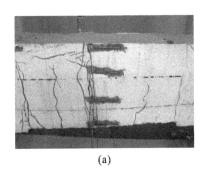 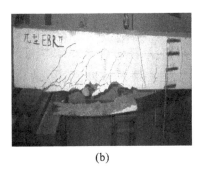

(a)   (b)

图 2-12　EBRK 系列梁裂缝图

(a)试验梁跨中裂缝;(b)试验梁支座处裂缝

注:图中 π 型试验梁即为文中所述宽缺口梁

2.6.3 内嵌 CFRP 筋加固混凝土梁试验过程

(1) NSM1 试验梁

当荷载加至 20kN 时,跨中出现第一条裂缝,宽度约为 0.01mm;35kN 时裂缝延伸较快;40kN 时缝宽基本不变,有竖向裂缝;60kN

时裂缝宽为0.1mm;90kN之前新缝很少,裂缝宽增至0.15mm;70～100kN时新缝较少,缝延伸高达整个梁的2/3;110kN时纯弯段内有裂缝,距支座15cm处产生裂缝,宽约为1mm;120kN时有斜裂缝[图2-13(a)];140kN时钢筋屈服;当结构达到极限状态时,一声巨响,混凝土底部被拉断[图2-13(b)],混凝土被压碎。

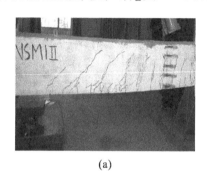 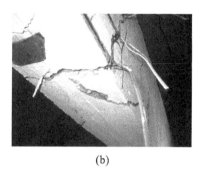

(a)   (b)

图 2-13 NSM1 裂缝

(a)试验梁支座处裂缝;(b)试验梁跨中裂缝

（2）NSM2 试验梁

当荷载加至25kN时,跨中出现第一条裂缝,宽度约为0.01mm,长度为13cm;当荷载为15～35kN时,缝发展缓慢,宽度基本不变,新缝较少,裂缝竖向延长;40～60kN时,新缝增加较少,继续竖向延伸,宽度为0.02mm;90kN时裂缝高达整个梁的2/3,距支座30cm处产生斜裂缝;110kN时裂缝为0.2mm;130kN时在跨中处裂缝有0.3mm[图2-14(a)];160kN时钢筋屈服;170kN时距支座11cm处产生斜裂缝[图2-14(b)],宽度约为0.5mm;当结构达到极限状态时,分载梁处的混凝土被压碎（细碎）,混凝土底部断裂,CFRP板未被拉断。

2.6.4 外贴 CFRP 板加固混凝土梁试验过程

当荷载加至15kN时,EBR试验梁跨中出现第一条裂缝,宽度

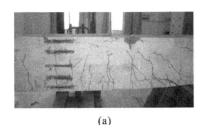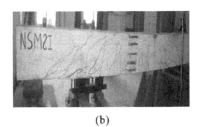

(a)　　　　　　　　　　　　(b)

图 2-14　NSM2 裂缝

(a)试验梁跨中裂缝;(b)试验梁支座处裂缝

约为 0.01mm,北长度为 3.5cm,南长度为 6.5cm;当荷载为 15～35kN 时,缝发展适中,宽度基本不变,新缝不多;当荷载为 40～60kN 时,裂缝竖向发展较快,裂缝宽为 0.02mm;当荷载为 70kN 时,距支座 31cm 处有斜裂缝,缝宽为 0.01mm;当荷载为 80kN 时,距支座 8cm 处有斜裂缝,缝宽为 0.03mm,缝高达整个梁的 2/3;当荷载为 70～100kN 时裂缝竖向延伸较快,宽度基本不变;当荷载为 130kN 时,钢筋屈服,此时跨中裂缝宽为 1.7mm[图 2-15(a)];当结构达到极限荷载时,CFRP 板把混凝土东支座处拉断[图 2-15(b)],分载梁处的混凝土被压碎。由此可见,外贴 CFRP 板加固混凝土梁的效果没有内嵌 CFRP 筋的加固效果好,但是比外贴 CFRP 板加固宽缺口混凝土梁的效果要好。

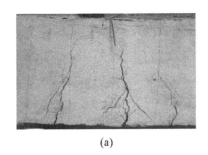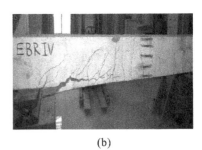

(a)　　　　　　　　　　　　(b)

图 2-15　EBR 试验梁裂缝

(a)试验梁跨中裂缝;(b)试验梁支座处裂缝

本 章 小 结

（1）对 CFRP 材料加固混凝土梁的主要材料的力学性能进行了试验测试，得到了主要材料的力学性能指标。

（2）通过分析研究国内外 CFRP 材料加固混凝土梁诸多试验情况，完善了试验加固方案；提出了一套保证混凝土梁保护层精确厚度的工艺措施；按国家规范设计并制作了 27 根混凝土试验梁，包括对比梁 3 根、普通混凝土梁 12 根和宽缺口混凝土梁 12 根。

（3）借鉴国内外外贴和内嵌 CFRP 加固混凝土梁的试验技术和经验，本次试验提出了合理的试验量测内容、测点布置及试验加载方案。

（4）从简单的试验描述情况看，不同的加固方式、不同的加固材料及不同的加固量对被加固混凝土梁的开裂荷载影响并不明显，但对混凝土梁的屈服荷载和极限荷载的影响是显而易见的。

（5）在外荷载的作用下，加固混凝土梁的裂缝发展较稳定、较充分，裂缝分布数量随混凝土梁外来加固量的增加而增加，裂缝间距、裂缝宽度随混凝土梁外来加固量的增加而减小。

（6）混凝土梁加固效果的优劣取决于 CFRP 与混凝土间粘贴质量的好坏。CFRP-混凝土界面黏结密实牢固、界面的抗剪切强度高，加固后混凝土梁的承载能力就会明显提高。

（7）从加固的整体效果看，外贴 CFRP 板加固宽缺口混凝土梁的加固效果不如内嵌 CFRP 筋加固宽缺口混凝土梁的加固效果好；外贴 CFRP 板加固普通混凝土梁的加固效果不如内嵌 CFRP 筋加固普通混凝土梁的加固效果，但比外贴 CFRP 板加固宽缺口混凝土梁的效果要好。

CFRP 加固宽缺口混凝土
梁弯曲试验结果分析

3.1 引　言

本章主要内容是以试验研究为手段,以外贴 CFRP 板加固宽缺口混凝土梁、内嵌一根 CFRP 筋加固宽缺口混凝土梁、内嵌两根 CFRP 筋加固宽缺口混凝土梁三种加固方式为研究对象,在单调静载试验的基础上,分析试验梁的承载能力、变形、应变变化、裂缝开展、安全性及延性等力学性能,并对影响试验梁弯曲性能的主要参数进行分析,探索不同参数及不同加固方式对试验梁力学性能的影响规律。

3.2　外贴 CFRP 板加固宽缺口混凝土梁试验结果分析

研究外贴 CFRP 板加固宽缺口混凝土梁,目的在于与内嵌 CFRP 筋加固宽缺口混凝土梁系列试验进行对比;对 CFRP 加固宽缺口混凝土梁系列试验研究的目的是与 CFRP 加固普通混凝土梁进行对比,以研究不同加固方法的加固效果。

3.2.1　破坏模式分析

与对比梁情况相同,EBR 加固宽缺口系列梁和 EBR 加固普通梁的破坏过程历经三个阶段。在荷载较小的加载初期时,荷载-挠度接近直线,梁中混凝土尚未出现裂缝,这可称为第一阶段。由于外贴的碳纤维板延长了加固梁的弹性阶段,所以当荷载值进一步增大时,加固梁中出现弯曲裂缝;裂缝出现后梁进入第二阶段,随着荷载的增加,钢筋和碳纤维板中的应力值增大,钢筋屈服;加固梁第三阶段开始的标志是钢筋屈服,进入此阶段后,加固梁的承载力同比明显高于对比梁;钢筋屈服后对比梁的承载力几乎不能提高,而在钢筋屈服后,加固梁由于碳纤维板的承载能力得到充分发挥,梁的承载力还会有较大幅度的提高,且在一定范围内随加固量的增加而增大,但其抗变形能力减弱。

对比梁的破坏特征为受压区混凝土被压碎,而 EBR 加固宽缺口系列梁和 EBR 加固普通梁的破坏特征则比较复杂,根据专家和笔者的试验研究可知,外贴 CFRP 板加固梁的破坏类型主要有以下六种:

(1)压区混凝土受压破坏;

(2)混凝土剪切破坏;

(3)胶-碳纤维板界面黏结破坏;

(4)碳纤维板和混凝土界面黏结破坏;

(5)从剪切裂缝处扩展的黏结破坏;

(6)从梁中部弯曲裂缝处扩展的黏结破坏。

后四种为黏结破坏(作者试验的破坏模式均属黏结破坏,见图 2-12、图 2-15),大类又可分为两类:非正常黏结破坏和非端部混凝土黏结破坏。

非正常黏结破坏包括(3)、(4)两种破坏情况,主要是由于施工质量不高和胶的性能不理想。从试验上看,若施工质量存在问题,结构胶粘剂不均匀分布,CFRP 板与底层树脂之间存在着许多微空洞,CFRP 板与梁底面黏结不密实,当张拉 CFRP 板时,空洞边缘出现应力集中,其应力集中程度会随着荷载的增加随之加大,空洞不断扩大,直至最后破坏,所以在试验过程中,随着荷载的不断增加,会听到界面发出清脆的响声,这是导致非正常黏结破坏的直接原因,在工程实际中应该避免这种非正常的黏结破坏。

(5)、(6)两种破坏情况属于非端部混凝土黏结破坏。弯曲裂缝或剪切裂缝尖端附近,裂缝的扩展会导致混凝土"退出工作",梁底边缘的所有张力均由 CFRP 板承担,在裂缝与 CFRP 板交汇处引发高度应力集中,混凝土出现局部破坏,裂缝沿 CFRP 板向端部扩展,导致 CFRP 板剥离破坏。在笔者的试验中,EBR 加固普通梁的破坏模式就属于非端部混凝土黏结破坏。有时,几种破坏模式会同时发生,比如在加载点附近发生了混凝土压剪破坏,而同时在剪切裂缝处也发生了混凝土黏结破坏;EBR 加固宽缺口系列试验梁的破坏模式基本上属于 CFRP 板在试验梁的凹槽处被拉断的破坏,这正是由于梁中混凝土在纯弯段处被切除,凹槽边沿与 CFRP 板交汇处混凝土产生应力集中,随荷载的加大其应力集中的程度越来越大,直至 CFRP 板被拉断或被剥离,试验混凝土梁破坏。各试验混凝土梁的具体破坏特征如表 3-1 所示。

表 3-1   试验梁特征荷载(一)

梁编号	P_{cr} (kN)	P_{cr} 提高率 (%)	P_y (kN)	P_y 提高率 (%)	P_u (kN)	P_u 提高率 (%)	破坏模式
CB	15	—	90	—	100	—	跨中混凝土被压碎,底部断裂
EBRK1	16	6.7	100	11.1	130	30	CFRP 板发生剥离破坏,梁整体脆性破坏

续表 3-1

梁编号	P_{cr} (kN)	P_{cr} 提高率 （%）	P_y (kN)	P_y 提高率 （%）	P_u (kN)	P_u 提高率 （%）	破坏模式
EBRK2	18	20.0	100	11.1	120	20	CFRP 板把底部混凝土拉裂剥离破坏
EBRK3	18	20.0	100	11.1	110	10	CFRP 板把底部混凝土拉裂剥离破坏
EBRK4	17	13.3	100	11.1	110	10	CFRP 板把底部混凝土拉裂剥离破坏，脆性断裂
EBR1	19	26.7	100	11.1	120	20	混凝土支座处 CFRP 板被拉断，混凝土未被压碎
EBR2	20	33.3	120	33.3	130	30	混凝土东支座处 CFRP 板拉断，混凝土未被压碎
EBR3	18	20.0	140	55.6	150	50	混凝土东支座处 CFRP 板拉断，混凝土未被压碎
EBR4	20	33.3	130	44.4	140	40	混凝土东支座处 CFRP 板拉断，混凝土未被压碎

3.2.2　承载能力分析

与对比梁相比,CFRP 板加固的混凝土梁其承载力均有不同程度的提高。表 3-1 给出了外贴 CFRP 板加固宽缺口混凝土梁(EBRK 系列梁)和外贴 CFRP 板加固的普通混凝土梁(EBR 系列梁)的特征荷载值。

加载初期,由于 CFRP 板和混凝土黏结牢固,混凝土梁的整体刚度得到提高,梁的变形发展受到抑制,推迟了梁的裂缝的发展,使得加固梁的开裂荷载得到一定程度的提高(表 3-1)。当混凝土梁开裂后,CFRP 板的作用得到进一步发挥,梁底部混凝土所受的拉力转由 CFRP 板承担,CFRP 板的强度得到有效发挥。

图 3-1 示出了 EBR 系列梁跨中应变随梁体荷载的变化情况。由图 3-1(c)、(d)知,EBR 加固宽缺口系列梁和 EBR 加固普通梁出现裂缝以后,CFRP 板的应变均比钢筋的应变大。在梁体加载的中期,正是由于 CFRP 板部分分担了梁中钢筋的受力,约束了混凝土裂缝的发展,充分挖掘了混凝土的抗压性能,从而使梁的屈服荷载得到提高;在加载后期,特别是钢筋屈服以后,CFRP 板的高强特性得到了充分发挥(表 3-1)。由表 3-1 还可以看出,EBR 加固普通梁的承载能力比 EBR 加固宽缺口系列梁的承载能力要强,这是因为在 EBR 加固普通梁体系中,在荷载传递到 CFRP 板之前,普通梁是作为一个整体在受力,待加固梁底部混凝土开裂后,CFRP 板才分担混凝土所承受的拉力从而发挥更大作用,继续承受更大荷载;而 EBR 加固宽缺口系列梁由于加固梁的纯弯段被部分切除,EBR 加固宽缺口系列试验梁的破坏模式基本上属于 CFRP 板在试验梁的凹槽处被拉断的破坏。由此看来,宽缺口梁中混凝土凹槽除了使 CFRP 板的受力明确、便于应变测试外,对被加固梁的承载是不利的。

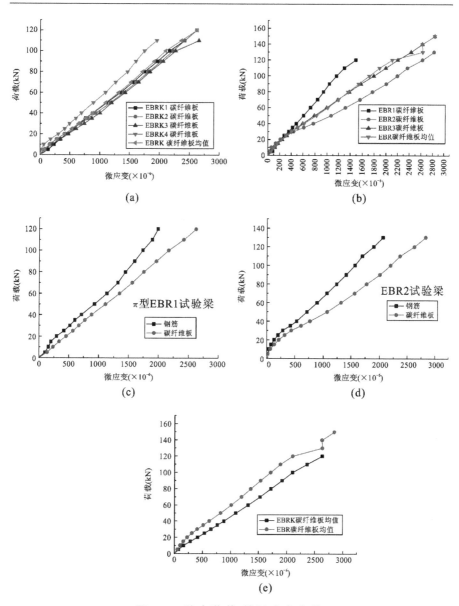

图 3-1　跨中荷载-筋材应变曲线

3.2.3　变形能力分析

图 3-2 是各试验梁在加载过程中的跨中挠度变化图。从图 3-2(a)、(b)

中可以看出,与对比梁相比,加固梁的刚度有较大程度的提高,也就是说,在相同荷载作用下加固梁的挠度比对比梁的挠度要小。加载初期,各试验梁的挠度几乎相等,但在梁体混凝土开裂后特别是纵筋屈服以后,对比梁的挠度发展较快,而加固梁的挠度发展速度相对缓慢,且发展速度的差别随着荷载的增大而加大。这是由于 CFRP 板的贴入增加了梁体的受力配筋量,在一定程度上加大了梁体的截面模量,且同时抑制了裂缝的发展,因此梁的抗弯刚度有所增加,特别是受力纵筋屈服以后更为明显。从加固方法上看,尽管 EBR 加固宽缺口系列梁的纯弯段混凝土被切除,而 EBR 加固普通梁的纯弯段处 CFRP 板与梁体密贴,但两类加固梁刚度的提高幅度相差不大;在梁开裂前,由于 CFRP 板的约束作用,EBR 加固普通梁的挠度略小于 EBR 加固宽缺口系列梁的挠度,当梁混凝土开裂后,CFRP 板的作用得到强化,EBR 加固普通梁的挠度随荷载的增加而逐渐增大,且略大于 EBR 加固宽缺口梁的挠度,这种差异随荷载的增加而有轻微加大,直到最后破坏[图 3-2(c)]。纯弯段被切除的 EBR 加固的宽缺口系列梁,梁底部混凝土所承受的拉力直接由 CFRP 板所承担,而 EBR 加固普通梁所承受的拉力是先传递到梁底部混凝土再传递到 CFRP 板上,梁底混凝土凹槽在加载初期对宽缺口混凝土梁的刚度是有影响的。

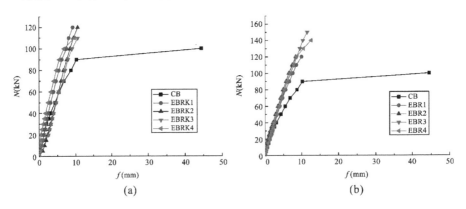

(a)   (b)

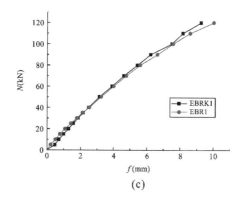

(c)

图 3-2　荷载-跨中挠度曲线

3.2.4　跨中应变分析

　　加载初期,CFRP 板的应变与钢筋应变均比较小,EBR 加固的宽缺口系列梁的开裂荷载约为 17kN,EBR 加固普通梁的开裂荷载约为 19kN,两种情况下 CFRP 板的应变均略大于受拉纵筋的应变,且符合准平截面假定,说明 CFRP 板与梁体表层混凝土之间并没有滑移发生。试验梁开裂后,尤其是纵筋屈服后,EBR 加固宽缺口系列梁和 EBR 加固普通梁中钢筋和 CFRP 板的应变开始急剧增大;且随荷载的增加,CFRP 板应变的发展速度逐渐大于钢筋应变的发展速度,并且存在应变差。图 3-1 为 EBR 加固宽缺口系列梁和 EBR 加固普通系列梁钢筋与 CFRP 板应变发展对比图,CFRP板的存在使得钢筋的应变发展滞后于对比梁,这种滞后在加载初期并不明显,但随荷载的增大应变滞后现象就十分明显。从图 3-1(e)还可以看出,EBR 加固普通系列梁的应变小于 EBR 加固宽缺口系列梁的,这说明,在 EBR 加固普通系列梁中,梁底部纯弯段处的混凝土与 CFRP 板共同有效地分担了钢筋的荷载,进而延缓了钢筋的屈服。钢筋屈服后梁底部纯弯段处和 CFRP 板承担全部荷载使加固梁继续承受荷载,直至加固梁被破坏;而 EBR 加固宽缺口系列梁中,由于纯弯段被切除,只有 CFRP 板分担钢筋的荷载,待钢筋屈服后,CFRP 板承担全部荷载,并且由于被切除的部分容易产生应力集中,所以,EBR 加固宽缺口系列梁所承受的荷载小于 EBR 加固普通系列梁的。

3.2.5　安全性能及位移延性分析

表 3-2 是 EBR 加固宽缺口系列梁和 EBR 加固普通梁的安全系数和延性系数。

表 3-2　试验梁安全性能及位移延性系数（一）

梁编号	P_y(kN)	P_u(kN)	P_u/P_y	Δ_y(mm)	Δ_u(mm)	Δ_u/Δ_y
CB	90	100	1.11	10.23	44.50	4.35
EBRK1	100	130	1.30	10.12	30.12	3.00
EBRK2	100	120	1.20	10.10	30.59	3.03
EBRK3	100	110	1.10	10.05	30.62	3.05
EBRK4	100	110	1.10	7.78	24.72	3.18
EBR1	100	120	1.20	9.09	27.32	3.01
EBR2	120	130	1.10	14.37	45.50	3.17
EBR3	140	150	1.10	11.35	36.55	3.22
EBR4	130	140	1.10	10.55	35.61	3.38

（1）加固梁安全性能分析

由表 3-2 可知,EBR 加固宽缺口系列梁的 P_u/P_y 值分别为 1.30、1.20、1.10、1.10,其中有两根加固梁比对比梁的 P_u/P_y 值(1.11)大,两根加固梁的 P_u/P_y 值与对比梁持平,说明外贴 CFRP 板加固宽缺口混凝土梁能够提高被加固梁的安全性能;EBR 加固普通系列梁的 P_u/P_y 值分别为 1.20、1.10、1.10、1.10,其中一根加固梁的

P_u/P_y 值较对比梁的大,三根加固梁的 P_u/P_y 值与对比梁持平,外贴 CFRP 板加固普通混凝土梁也能提高被加固梁的安全性能。但由于 P_u/P_y 的值越大,混凝土梁从钢筋屈服到破坏的时程越长,混凝土梁的安全性能越好;反之,混凝土梁的安全性能越差。由此可以看出,外贴 CFRP 板加固宽缺口混凝土梁的安全性能要比外贴 CFRP 加固普通混凝土梁的安全性能高。

(2)混凝土梁的位移延性性能分析

混凝土梁的位移延性系数为极限位移与屈服位移之比,即

$$\mu = \Delta_u / \Delta_y$$

式中 Δ_y——混凝土梁屈服时对应的跨中挠度;

Δ_u——混凝土梁极限状态时对应的跨中挠度。

从表 3-2 中延性系数值可以看出,对比梁 CB 的延性系数为 4.35,EBR 加固宽缺口系列梁的延性系数分别为 3.0、3.03、3.05、3.18,EBR 加固普通系列梁的延性系数分别为 3.01、3.17、3.22、3.38。加固梁的延性系数小于对比梁,因此,EBR 加固宽缺口系列梁和 EBR 加固普通梁虽然能够提高被加固梁的开裂荷载、屈服荷载及极限荷载,其延性性能有所下降,但所有加固梁的延性系数均达到 3.00 以上,能够满足结构延性要求。从表 3-2 中还可以看出,EBR 加固宽缺口系列梁的延性系数小于 EBR 加固普通梁的延性系数,说明 EBR 加固宽缺口系列梁的刚度大于 EBR 加固普通梁的刚度。

3.3 内嵌 CFRP 筋加固宽缺口混凝土梁试验结果分析

从上述试验结果可以看出,无论是 EBR 加固宽缺口系列试验梁还是 EBR 加固普通试验梁,其开裂荷载、屈服荷载、极限荷载都得到了提高,但是提高幅度并不大,安全性能也不太高,混凝土表面处理的工作量也比较大,防火性能不好。针对这种情况,本节将用

内嵌 CFRP 筋加固混凝土梁来解决上述缺点,另外内嵌法加固技术在负弯矩区域加固比较方便。

3.3.1　破坏模式

内嵌 CFRP 加固混凝土梁界面黏结性能试验中所出现的破坏模式有下述几种:

(1)压区混凝土压裂破坏。

(2)CFRP 筋被拉断破坏。

(3)压区混凝土压裂破坏的同时,CFRP 筋被拉断。

(4)混凝土剪切破坏。

(5)界面黏结破坏。其又包括如下六种亚类破坏:①端部保护层混凝土开裂破坏;②CFRP 与胶结材料之间界面破坏,CFRP 筋被拔出;③CFRP 筋内纤维与树脂基体之间界面黏结破坏;④梁跨中弯曲裂缝尖端扩展引发的黏结破坏;⑤胶结材料-混凝土界面破坏;⑥剪切裂缝尖端扩展引发的黏结破坏。

其中第(5)种破坏中的②、③、⑤亚类破坏属于黏结破坏,一般是由胶的性能不佳或施工质量不过关所致,在工程实践中可以避免,不在此研究之列;第①种亚类破坏是由于 CFRP 筋端部应力集中,导致保护层混凝土和钢筋之间薄弱处开裂破坏,这可以通过增加端部锚固长度、改善 CFRP 筋端部几何形状或设置螺栓等方法加以解决;第④、⑥亚类破坏可通过改善混凝土的抗裂性能加以克服;个别情况下几种破坏模式会同时发生,一般情况下,被加固混凝土梁的破坏模式为混凝土压碎、CFRP 筋拉断破坏。本次试验中,CFRP 筋加固混凝土梁的破坏模式如表 3-3 所示。梁破坏的典型状况见图 2-10、图 2-11、图 2-13、图 2-14。由上述图和表可知,CB 对比梁的破坏为适筋梁破坏模式,经历了混凝土开裂、纵筋屈服、压区混凝土压裂三个阶段。CFRP 筋加固混凝土梁的主要破坏模式中的第一种是类似对比梁的适筋梁破坏。当试验梁中加固量不大时，如 NSMK1 系列梁、NSMK2 系列梁、NSM1 系列梁、NSM2 系列梁，发生这种破坏模式的梁在钢筋屈服后，CFRP 筋应变增长较快，梁的挠度也有较大幅度的提高，在达到破坏荷载时，钢筋屈服，混凝土被压碎，CFRP 筋强度并未被充分利用，破坏模式见图 2-10、图 2-11、图 2-13、图 2-14。第二种是弯剪区梁底部混凝土发生剥离破坏。第三种是加载过程中界面发生黏结-滑移破坏。第二、第三种破坏模式在笔者的试验中没有出现。

3.3.2 承载能力分析

表 3-3 是各试验梁开裂荷载、屈服荷载、极限荷载的实测值。

表 3-3 试验梁特征荷载（二）

梁编号	P_{cr} (kN)	P_{cr}提高率(%)	P_y (kN)	P_y提高率(%)	P_u (kN)	P_u提高率(%)	破坏模式
CB	15	—	90	—	100	—	跨中混凝土被压碎，底部混凝土断裂
NSMK11	20	33.3	110	22.2	150	50	CFRP 筋纤维断裂，混凝土被压碎
NSMK12	20	33.3	100	11.1	150	50	CFRP 筋纤维断裂，混凝土被压碎
NSMK13	20	33.3	100	11.1	140	40	CFRP 筋劈裂破坏，混凝土被压碎
NSMK14	20	33.3	110	22.2	150	50	CFRP 筋劈裂破坏，混凝土未被压碎
NSMK21	20	33.3	120	33.3	180	80	CFRP 筋纤维劈裂破坏，混凝土被压碎

续表 3-3

梁编号	P_{cr} (kN)	P_{cr}提高率(%)	P_y (kN)	P_y提高率(%)	P_u (kN)	P_u提高率(%)	破坏模式
NSMK22	20	33.3	130	44.4	180	80	CFRP 筋劈裂破坏，跨中混凝土被压碎
NSMK23	20	33.3	120	33.3	150	50	CFRP 筋劈裂破坏，跨中混凝土被压碎
NSMK24	20	33.3	130	44.4	190	90	CFRP 筋劈裂破坏，跨中混凝土被压碎
NSM11	20	33.3	100	11.1	150	50	底部混凝土被拉裂，混凝土未被压碎
NSM12	20	33.3	110	22.2	140	40	底部混凝土被拉裂，混凝土被压碎
NSM13	20	33.3	110	22.2	150	50	CFRP 筋断裂，混凝土压碎，底部断裂
NSM14	20	33.3	110	22.2	150	50	CFRP 筋断裂，混凝土压碎，底部断裂
NSM21	25	66.7	130	44.4	190	90	CFRP 未断，混凝土压碎，底部断裂
NSM22	25	66.7	140	55.6	190	90	CFRP 未断，混凝土压碎，底部断裂
NSM23	25	66.7	160	77.8	180	80	CFRP 未断，混凝土压碎，底部断裂
NSM24	25	66.7	160	77.8	190	90	CFRP 未断，混凝土压碎，底部断裂

（1）开裂荷载

从表 3-3 中可以看出，对于 NSMK1 系列梁（NSMK11、NSMK12、NSMK13、NSMK14）、NSMK2 系列梁（NSMK21、NSMK22、NSMK23、NSMK24），当荷载加至 20kN 时，试验梁开裂，开裂荷载与对比梁的 15kN 相差不大，NSMK1 系列梁、NSMK2 系列梁的开裂荷载提高幅度为 33.33%；对于 NSM1 系列梁（NSM11、NSM12、NSM13、NSM14）、NSM2 系列梁（NSM21、NSM22、NSM23、NSM24），当荷载分别加至 20kN、25kN 时，试验梁开裂，开裂荷载与对比梁的 15kN 相比，提高幅度分别 33.3%、66.67%。由此可见，只有 NSM2 系列梁的开裂荷载提高较明显，各试验梁开裂荷载的差别规律性不强。由于普通钢筋混凝土梁开裂荷载较小，此时加固筋材的应力及应变均较小，加固筋材对加固梁开裂荷载影响较小；而钢筋混凝土梁开裂荷载受混凝土强度影响较大，混凝土强度的不均匀性将会造成加固梁开裂荷载的离散性。因此，采用 NSMK1 系列梁、NSMK2 系列梁、NSM1 系列梁，这三种加固方式，其开裂荷载影响较小，且规律不明显，提高幅度一般在 30% 左右。

（2）屈服荷载

从表 3-3 中可以看出，NSMK1 系列梁（NSMK11、NSMK12、NSMK13、NSMK14）中钢筋屈服时的荷载分别加至 110kN、100kN、100kN、110kN 时，与对比梁相比，提高幅度分别为 22.2%、11.1%、11.1%、22.2%；NSMK2 系列梁（NSMK21、NSMK22、NSMK23、NSMK24）中钢筋屈服时的荷载分别加至 120kN、130kN、120kN、130kN 时，提高幅度分别为 33.3%、44.4%、33.3%、44.4%；NSM1 系列梁（NSM11、NSM12、NSM13、NSM14）中钢筋屈服时的荷载分别加至 100kN、110kN、110kN、110kN 时，提高幅度分别为 11.1%、22.2%、22.2%、22.2%；NSM2 系列梁（NSM21、NSM22、NSM23、NSM24）中钢筋屈服时的荷载分别加至 130kN、140kN、160kN、160kN

时,提高幅度分别为 44.4％、55.6％、77.8％、77.8％。从以上数据可以看出,试验梁中由于加固筋材的存在,分担了钢筋的部分荷载,致使试验梁的钢筋屈服相对延迟。屈服荷载提高程度随加固量的增加而增大,并且提高幅度比较明显。

（3）极限荷载

从表 3-3 可见, NSMK1 系列梁（ NSMK11、NSMK12、NSMK13、NSM14）的极限荷载分别为 150kN、150kN、140kN、150kN 时,与对比梁相比,提高幅度分别为 50％、50％、40％、50％；NSMK2 系列梁（NSMK21、NSMK22、NSMK23、NSMK24）的极限荷载分别为 180kN、180kN、150kN、190kN 时,与对比梁相比,提高幅度分别为 80％、80％、50％、90％；NSM1 系列梁（ NSM11、NSM12、NSM13、NSM14）的极限荷载分别为 150kN、140kN、150kN、150kN 时,与对比梁相比,提高幅度分别为 50％、40％、50％、50％；NSM2 系列梁（NSM21、NSM22、NSM23、NSM24）的极限荷载分别为 190kN、190kN、180kN、190kN 时,与对比梁相比,提高幅度分别为 90％、90％、80％、90％。由此可见,内嵌 CFRP 筋材加固混凝土梁对极限荷载的影响较为显著,且提高幅度随加固量的增加而增大,最大达到 90％。

由以上分析可知,与对比梁相比,内嵌 CFRP 筋材加固混凝土对被加固梁的开裂荷载影响较小,对屈服荷载和极限荷载的影响比较显著。由分析还可以看出,对于 NSMK 系列试验梁和 NSM 系列试验梁,这两种加固方式的开裂荷载差别不大;但是对于屈服荷载和极限荷载,NSM 系列试验梁的加固效果要优于 NSMK 系列试验梁的。然而,对于 NSMK 系列试验梁来说,由于在纯弯段做了不影响梁内主筋握裹力的混凝土切除,所以内嵌在试验梁的 CFRP 筋有一段长度是裸露在外面的,这对观测和分析 CFRP 筋和试验梁的变形情况是相当方便的。例如,在分析 NSMK 系列梁的屈服荷载时,由于纯弯段的混凝土被切除,在荷载的作用下,裸露在外的

CFRP筋所受到的荷载传递到试验梁的两端,CFRP筋只受拉力,且锚固长度有所减小,使梁体承受的荷载有所降低;若试验梁的纯弯段不被切除,CFRP筋在混凝土中的锚固有如普通混凝土梁中纵向钢筋的握裹,作用力的传递由混凝土梁的中部向混凝土梁的两端发展,混凝土梁中部混凝土的受拉延缓了CFRP筋的受力,从而提高了被加固混凝土梁的屈服荷载和极限荷载;但对于CFRP筋来说,梁纯弯段混凝土的切除使得NSMK系列试验梁中筋的受力比NSM系列试验梁的受力更加明确。

3.3.3　变形能力分析

荷载-跨中挠度试验曲线反映了梁跨中挠度随荷载变化的情况。图 3-3(a)为 NSMK1 系列试验梁的荷载-跨中挠度曲线图,图 3-3(b)为 NSMK2 系列试验梁的荷载-跨中挠度曲线图,图 3-3(c)为 NSM1 系列试验梁的荷载-跨中挠度曲线图,图 3-3(d)为 NSM2 系列试验梁的荷载-跨中挠度曲线图。由图 3-3 可以看出,内嵌 CFRP 筋加固梁的荷载-跨中挠度曲线基本上可分为三个阶段。在试验梁的开裂荷载处、钢筋的屈服荷载点处为转折点,将曲线分为三段:试验梁开裂前阶段、混凝土开裂至钢筋屈服阶段、钢筋屈服后至梁体破坏阶段,各阶段曲线近似为直线,其整体的曲线形态与普通钢筋混凝土梁荷载-跨中挠度曲线基本相同。

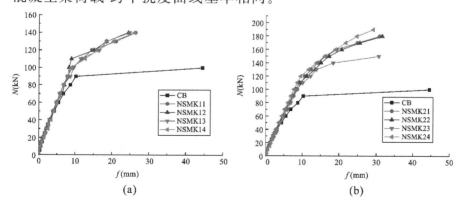

(a)　　　　　　　　　　(b)

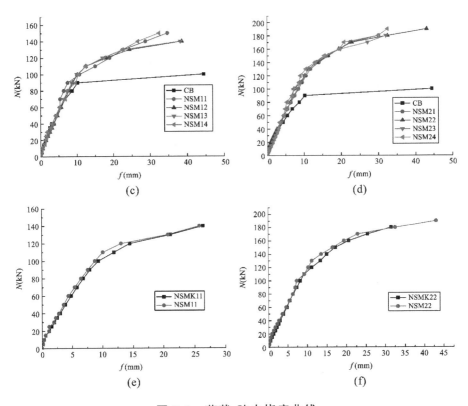

图 3-3　荷载-跨中挠度曲线

　　在变形发展的第一阶段,加固后混凝土梁所受荷载较小,混凝土尚未开裂,试验梁的变形特征表现为弹性,试验梁的变形随荷载呈线性增长;加固梁刚度略大于对比梁刚度,挠度发展稍小,而在接近开裂荷载时加固梁的变形发展较快;在变形发展的第二阶段,即混凝土开裂至钢筋屈服阶段,加固梁的荷载-跨中挠度曲线在开裂荷载点处出现转折,但与对比梁相比,加固梁的刚度较大、曲线转折程度较小,加固梁刚度的提高程度与加固量有关,加固量越大刚度也越大;在变形发展的第三阶段,即钢筋屈服后至梁体破坏阶段,荷载-变形曲线再次出现转折且程度较大,钢筋屈服后,对比梁刚度降低较多,直至梁体破坏其承载能力也没有太大提高,变形较大;采用内嵌法加固的试验梁,钢筋屈服后由于 CFRP 筋的作用,其荷载-跨中挠度曲线转折程度相对较小,在整个第三阶段,其承载能力在梁体变形增加的同时仍能不断提高,尤其是在相对加固量较大时,与对比梁的这种差别更为明显。由此看来,内嵌在(宽缺口)混凝土梁中的 CFRP 筋对梁的开裂荷载基本没有影响,而对混凝土梁的屈服荷载与极限荷载有较为显著的影响,且其影响程度随加固量的增加而增大,混凝土开裂后,加固梁中的 CFRP 筋有效地分担了钢筋的受力,从而延缓了钢筋的屈服,钢筋屈服后,CFRP 筋承担了全部受力,使加固梁能够继续承载,致使加固梁的极限承载力明显高于对比梁。从图 3-3 中也可以看出,NSMK 系列加固梁的变形小于 NSM 系列加固梁。

图 3-3（e）、(f)是 NSM 加固宽缺口系列梁和 NSM 加固普通梁中典型的荷载-跨中挠度对比图,从图中可见,NSM 加固梁的挠度均小于 NSMK 系列加固梁的挠度,原因在于 NSMK 系列梁纯弯段混凝土被切除,CFRP 筋的锚固长度相对减小,梁的刚度和承载能力也随之下降;两类梁的开裂荷载相当,NSM 加固梁的屈服荷载及极限荷载稍大。

3.3.4　跨中应变分析

图 3-4 所示为 NSM 加固 π 型系列梁和 NSM 加固普通梁的筋材荷载-应变曲线。

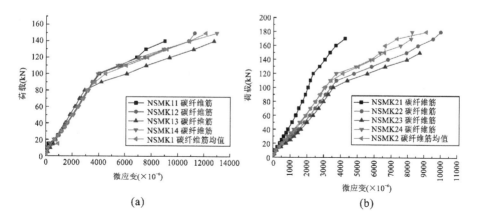

(a)　　　　　　　　　　　　(b)

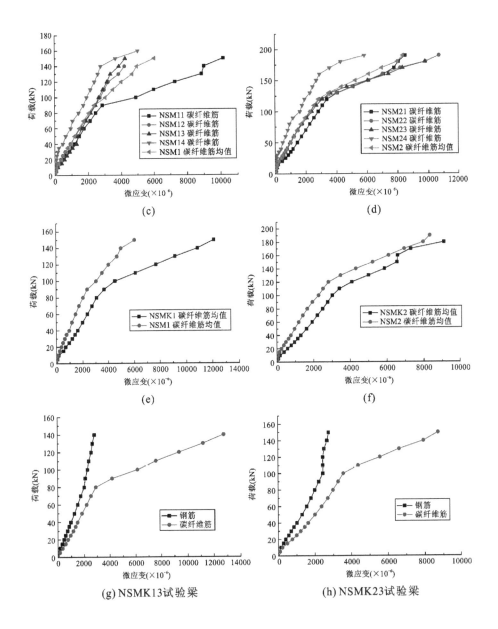

(c)

(d)

(e)

(f)

(g) NSMK13试验梁

(h) NSMK23试验梁

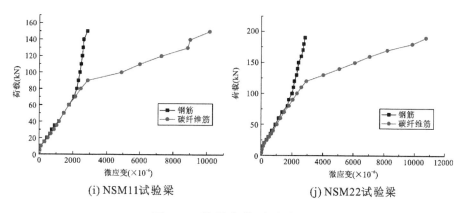

(i) NSM11试验梁   (j) NSM22试验梁

图 3-4 筋材荷载-应变曲线

从图 3-4 中可以看出,开始加载时,由于荷载较小混凝土尚未开裂,钢筋、混凝土和 CFRP 筋的应变均较小,且呈线性增长。无论是 NSM 加固的宽缺口系列试验梁还是 NSM 加固的普通梁,CFRP 筋的应变均较小,所承担的力也较小,所有试验梁的开裂荷载提高均不明显,CFRP 筋加固量的多少对 CFRP 筋的应变影响也不大。荷载-应变曲线随混凝土的开裂出现第一次转折,曲线的转折程度随加固量增加而减缓,梁中混凝土开裂后,开裂混凝土不受力而退出工作,试验梁的跨中挠度以及梁中混凝土、钢筋、CFRP 筋应变值大小发生突变,CFRP 筋的荷载-应变曲线斜率增大(应变增加速度增大)。因此,随加固量的增加,加固材料的应变依次减小;随外加荷载的增加梁内钢筋屈服,荷载-应变曲线出现第二次转折,且随加固量的增加荷载-应变曲线的转折程度依次减小;钢筋屈服后,试验梁中钢筋、CFRP 筋应变均出现较大增幅,表现出较为明显的塑性特征。在此阶段,试验梁受力特性也有所不同:NSM 加固普通梁荷载应变曲线转折较小且平缓,特别是在加固量较大时,钢筋屈服点位置不很明显;而与 NSM 加固普通梁相比,从 NSM 加固宽缺口系列梁的荷载-位移曲线或荷载-钢筋应变曲线上更容易判断出钢筋屈服点。钢筋屈服后,无论是 NSM 加固宽缺口系列试验梁还是 NSM 加固普通梁,CFRP 筋不得不承担全部拉力,应变出现突变增加,直至试验梁发生破坏。从图 3-4 中应变大小可以看出,NSM 加固宽缺口系列梁和 NSM 加固普通梁中各材料的强度都得到了充分利用。

图 3-4(e)、(f)是 NSM 加固宽缺口系列梁和 NSM 加固普通梁中 CFRP 筋荷载-应变均值曲线对比图。从图中可以看出,混凝土开裂前,二者应变相差不大,混凝土开裂后,NSM 加固普通梁的 CFRP 筋的应变小于 NSM 加固宽缺口系列梁中 CFRP 筋的应变,由于 NSM 加固普通梁的纯弯段混凝土没有被切除,CFRP 筋所受的力被混凝土分担,而 NSM 加固的宽缺口梁纯弯段混凝土被切除,裸露在外的 CFRP 筋独自承担所受荷载。

由图 3-4(g)、(h)、(i)、(j)可见,混凝土开裂前,钢筋应变大小与 CFRP 筋的应变大小基本相等,CFRP 筋与钢筋整体工作变形协调好,所承受的荷载与它们的弹性模量相对应,混凝土开裂后,CFRP 筋应变增加速度明显大于钢筋的应变增加速度,CFRP 筋有效地分担了钢筋所受的力,从而延缓了钢筋的屈服;钢筋屈服后 CFRP 筋承担全部荷载使试验梁继续受荷,直至破坏。从图 3-4 中还可以看出,在混凝土开裂前,NSM 加固宽缺口系列试验梁中 CFRP 筋的应变比 NSM 加固普通试验梁中 CFRP 筋的应变要大。

3.3.5　安全性能及位移延性分析

表 3-4 是试验梁的屈服荷载和极限荷载及其比值、试验梁屈服荷载下的挠度和极限荷载下的挠度及其比值。

表 3-4　试验梁安全性能及位移延性系数(二)

梁编号	P_y(kN)	P_u(kN)	P_u/P_y	Δ_y(mm)	Δ_u(mm)	Δ_u/Δ_y
CB	90	100	1.11	10.23	44.50	4.35

梁编号	P_y(kN)	P_u(kN)	P_u/P_y	Δ_y(mm)	Δ_u(mm)	Δ_u/Δ_y
NSMK11	110	150	1.36	12.91	40.81	3.16
NSMK12	100	150	1.50	13.35	41.53	3.11
NSMK13	100	140	1.40	12.56	36.84	3.09
NSMK14	110	150	1.36	12.15	30.18	2.48
NSMK21	120	180	1.50	10.23	30.81	3.01
NSMK22	130	180	1.38	12.42	38.56	3.10
NSMK23	120	150	1.25	10.18	32.63	3.21
NSMK24	130	190	1.46	10.66	32.12	3.01
NSM11	100	150	1.50	11.74	35.80	3.05
NSM12	110	140	1.27	12.47	38.64	3.10
NSM13	110	150	1.36	12.36	38.28	3.10
NSM14	110	150	1.36	11.23	33.50	2.98
NSM21	130	190	1.46	11.22	32.89	2.93
NSM22	140	190	1.36	13.13	43.10	3.29
NSM23	140	180	1.29	13.10	39.52	3.02
NSM24	160	190	1.19	7.00	21.04	3.00

（1）被加固混凝土梁的极限荷载与屈服荷载的比值即 P_u/P_y 表示其安全性能。P_u/P_y 的值越大，说明加固混凝土梁从钢筋屈服到混凝土梁破坏的时程越长，混凝土梁的安全性能越好；反之，P_u/P_y 的值越小，说明混凝土梁从钢筋屈服到混凝土梁破坏的时程越短，混凝土梁的安全性能越差。

（2）用极限位移与屈服位移之比表示混凝土梁的位移延性系数，$\mu=\Delta_u/\Delta_y$，其中 Δ_y 是混凝土梁屈服时对应的跨中挠度；Δ_u 是混凝土梁极限状态时对应的跨中挠度，当试验梁的破坏形态以混凝土压碎为标志时，取极限荷载的 80% 所对应的跨中挠度，当以 CFRP 筋拉断或屈服为破坏标志时，取极限荷载对应的跨中挠度。

从表 3-4 可知，NSMK1 系列梁的 P_u/P_y 值分别为 1.36、1.50、1.40、1.36；NSMK2 系列梁的 P_u/P_y 值分别为 1.50、1.38、1.25、1.46；NSM1 加固的普通试验梁的 P_u/P_y 值分别为 1.50、1.27、1.36、1.36；NSM2 加固普通梁的 P_u/P_y 值分别为 1.46、1.36、1.29、1.19；四者的位移系数均比对比梁 CB 的位移系数（1.11）高，用 CFRP 筋 NSM 加固的宽缺口梁和 NSM 加固的普通梁能够提高被加固梁的安全性能；NSMK1 系列梁的 Δ_u/Δ_y 值分别为 3.16、3.11、3.09、2.48；NSMK2 系列梁的 Δ_u/Δ_y 值分别为 3.01、3.10、3.21、3.01；NSM1 系列试验梁的 Δ_u/Δ_y 值分别为 3.05、3.10、3.10、2.98；NSM2 系列试验梁的 Δ_u/Δ_y 值分别为 2.93、3.29、3.02、3.00；对比梁 CB 的 Δ_u/Δ_y 值为 4.35；可见，所有加固梁的延性系数基本上都在 3.00 以上，能够满足延性要求。从以上数据还可以看出，随加固量的增加，被加固梁的刚度有所提高，而延性系数则逐渐降低。

3.4 外贴与内嵌 CFRP 加固宽缺口混凝土梁试验结果对比

上述试验分析了各试验梁的承载能力、变形能力、应变变化、裂缝开展等力学性能，并把 CFRP 加固宽缺口梁与普通梁的力学特性进行了对比，得到了相关结论，下面作者进一步对 CFRP 加固宽缺口混凝土梁中外贴 CFRP 板加固的普通混凝土梁与内嵌 CFRP 筋加固宽缺口混凝土梁的有关性能进行对比，从而探索最合理的加固方案。

3.4.1 承载能力分析

表 3-5 是 CFRP 加固宽缺口混凝土梁特征荷载值。分析表 3-5 中的数据可知，相对于对比梁 CB，CFRP 加固宽缺口混凝土梁的开裂荷载、屈服荷载、极限荷载都得到了提高，其中 EBRK 系列梁的

开裂荷载分别提高了 6.7%、20%、13.3%，提高幅度不大且有波动；NSMK 系列梁的开裂荷载均提高了 33.3%，提高幅度相对较大；EBRK 系列梁的屈服荷载均提高了 11.1%；NSMK1 系列梁的屈服荷载分别提高了 22.2% 和 11.1%；NSMK2 系列梁的屈服荷载分别提高了 33.3% 和 44.4%。EBRK 系列梁的极限荷载分别提高了 10%、20%、30%；NSMK1 系列梁的极限荷载分别提高了 50%、40%；NSMK2 系列梁的极限荷载分别提高了 80%、50%、90%。从承载力的角度看，NSMK 系列梁的加固效果要比 EBRK 系列梁的加固效果好，这是因为外贴加固方法在材料变形协调上存在一定缺陷，CFRP 板的弹性模量较小，而抗拉强度较高，钢筋受拉产生拉伸屈服变形需要 0.15% 的变形，而 CFRP 板受拉破坏产生拉伸变形需要 1.7% 的变形，后者的变形量相比钢筋的屈服变形高了 11 倍，CFRP 板的强度发挥仅为其抗拉强度的 8.8%，若要 CFRP 板发挥全部强度，混凝土将会产生显著的裂缝和很大变形。因此，外贴 CFRP 板加固混凝土梁，CFRP 板所能提供的抗拉贡献极其有限；而内嵌 CFRP 筋的加固方式是利用黏结剂使其与其外围混凝土紧密结合，加之 CFRP 筋的剥离和锚固问题不突出，所以能充分利用 CFRP 筋的高强性能。

表 3-5 试验梁特征荷载（三）

梁编号	P_{cr} (kN)	P_{cr} 提高率 (%)	P_y (kN)	P_y 提高率 (%)	P_u (kN)	P_u 提高率 (%)	破坏模式
CB	15	—	90	—	100	—	压区混凝土被压碎，梁底混凝土断裂
EBRK1	16	6.7	100	11.1	130	30	混凝土剥离破坏，梁整体发生脆性破坏

续表 3-5

梁编号	P_{cr} (kN)	P_{cr} 提高率 (%)	P_y (kN)	P_y 提高率 (%)	P_u (kN)	P_u 提高率 (%)	破坏模式
EBRK2	18	20.0	100	11.1	120	20	CFRP 板将底部混凝土拉裂
EBRK3	18	20.0	100	11.1	110	10	CFRP 板将底部混凝土拉裂
EBRK4	17	13.3	100	11.1	110	10	CFRP 板将混凝土拉裂,梁体脆性断裂
NSMK11	20	33.3	110	22.2	150	50	CFRP 筋纤维断裂,混凝土被压碎
NSMK12	20	33.3	100	11.1	150	50	CFRP 筋纤维断裂,混凝土被压碎
NSMK13	20	33.3	100	11.1	140	40	CFRP 筋劈裂破坏,混凝土被压碎
NSMK14	20	33.3	110	22.2	150	50	CFRP 筋劈裂破坏,混凝土未被压碎
NSMK21	20	33.3	120	33.3	180	80	CFRP 筋纤维劈裂破坏,混凝土压碎
NSMK22	20	33.3	130	44.4	180	80	CFRP 筋劈裂破坏,混凝土压碎
NSMK23	20	33.3	120	33.3	150	50	CFRP 筋劈裂破坏,混凝土压碎
NSMK24	20	33.3	130	44.4	190	90	CFRP 筋劈裂破坏,混凝土压碎

3.4.2　变形能力分析

加固梁的变形能力主要是通过荷载-跨中位移曲线及开裂荷载、屈服荷载、极限荷载三个特征荷载下的挠度大小反映。图 3-5 是试验梁荷载-挠度曲线关系对比图。从图 3-5 中可以看出,曲线发展有两个转折点,分别为混凝土开裂点和钢筋屈服点。还可以看出,所有试验梁破坏时,对比梁的挠度变形最大;NSMK 系列梁比 EBRK 系列梁的挠度变形大;同一种加固方式下,挠度变形随加固量的增加而增大。

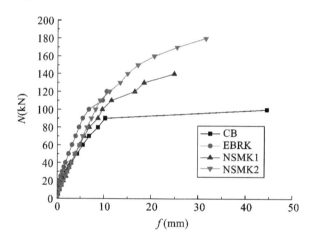

图 3-5　荷载-挠度曲线

荷载-挠度曲线图可以分为试验梁开裂前阶段、混凝土开裂至钢筋屈服阶段、钢筋屈服至混凝土梁破坏阶段。试验梁开裂前,曲线关系图呈线性变化且挠度变化相对较小,在同一种加固方式下,加固梁的挠度变形基本一致,不受加固量的影响;试验梁开裂至钢筋屈服阶段,随着试验梁刚度的降低,挠度增加较大,增幅程度随加固量的增加而增加,NSMK 系列梁的挠度大于 EBRK 系列梁的挠度,由此进一步印证了外贴 CFRP 板加固方式还没有充分利用

CFRP 板的性能,加固梁就破坏了;钢筋屈服后,加固梁的刚度进一步减小,挠度增长迅速,荷载-挠度曲线呈非线性,直至试验梁破坏。由图 3-5 可见,在相同荷载作用下,加固梁的挠度变形大小为:NSMK1＞NSMK2＞EBRK,但是由于 EBRK 系列试验梁中 CFRP 板在没充分发挥强度之前,加固梁就已经破坏了,所以 NSMK2 系列试验梁的加固效果最好,即极限承载能力最大,破坏时挠度变形较小,刚度较大。

3.4.3　跨中应变分析

图 3-6 为 EBRK 系列试验梁 CFRP 板应变均值、NSMK1 系列试验梁 CFRP 筋应变均值和 NSMK2 系列试验梁 CFRP 筋应变均值及各试验梁钢筋应变对比图。由图 3-6 可知,NSMK 系列试验梁中 CFRP 筋均值应变发展过程基本相似,而从 EBRK 系列试验梁的 CFRP 板均值应变发展过程可明显看出,CFRP 板强度没有得到充分发挥,试验梁就发生了破坏。对于 NSMK 系列试验梁,CFRP 筋应变曲线经历了试验梁加载到开裂、混凝土开裂到受拉钢筋屈服、受拉钢筋屈服到试验梁破坏三个阶段。其中,试验梁开裂及受拉钢筋屈服均导致 CFRP 筋应变曲线出现转折。随着加固量的增加,CFRP 筋、钢筋的应变依次降低。混凝土开裂后,加固梁中的 CFRP 板和 CFRP 筋有效分担了钢筋承担的荷载,延缓了钢筋拉伸应变的增长,使得钢筋屈服破坏推迟,从而提高了试验梁的屈服荷载。加固量越大,CFRP 筋分担钢筋受力就越明显,梁体的承载能力就会有所提高。

3.4.4　安全性能及位移延性分析

表 3-6 列出了 EBRK 系列梁和 NSMK 系列梁的安全系数和位移延性系数。

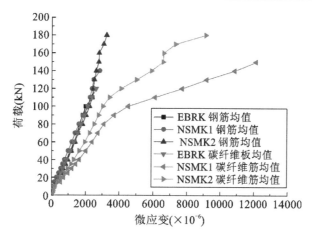

图 3-6　跨中荷载-筋材应变曲线

表 3-6　试验梁安全性能及位移延性系数（三）

梁编号	P_y(kN)	P_u(kN)	P_u/P_y	Δ_y(mm)	Δ_u(mm)	Δ_u/Δ_y
CB	90	100	1.11	10.23	44.50	4.35
EBRK1	100	130	1.30	10.12	30.12	3.00
EBRK2	100	120	1.20	10.10	30.59	3.03
EBRK3	100	110	1.10	10.05	30.62	3.05
EBRK4	100	110	1.10	7.78	24.72	3.18
NSMK11	110	150	1.36	12.91	40.81	3.16
NSMK12	100	150	1.50	13.35	41.53	3.11
NSMK13	100	140	1.40	12.56	36.84	3.09
NSMK14	110	150	1.36	12.15	30.18	2.48
NSMK21	120	180	1.50	10.23	30.81	3.01
NSMK22	130	180	1.38	12.42	38.56	3.10
NSMK23	120	150	1.25	10.18	32.63	3.21
NSMK24	130	190	1.46	10.66	32.12	3.01

（1）安全性能分析

表 3-6 列出了 EBRK 系列梁和 NSMK 系列梁的 P_u/P_y 值，从表 3-6 中可以看出，加固梁的 P_u/P_y 值基本都比对比梁的大，说明 CFRP 加固宽缺口混凝土梁能够提高被加固梁的安全性能；从表 3-6 还可看出，NSMK 系列梁的 P_u/P_y 值比 EBRK 系列梁的高，说明 NSMK 系列梁的安全性能高于 EBRK 系列梁。在 NSMK 系列梁中，随加固量的增加安全性能反而变差；也就是说，加固量增加，极限承载力增加，而 P_u/P_y 值则减小，这就进一步验证了前面所说的钢筋屈服点与加固量有关的结论。

（2）位移延性性能分析

从表 3-6 中延性系数可以看出，所有试验梁中只有 NSMK14 梁的延性系数小于 3.00，其余延性系数均能达到 3.00 以上，能够满足结构延性要求，且随加固量的增加，被加固梁的刚度有所提高，而延性则逐渐降低；从表 3-6 中还可以看出，EBRK 系列梁的延性系数小于 NSMK 系列梁的。可见，从延性方面来看，并非加固量越大越好，加固量增加，混凝土梁的刚度提高而延性降低；也就是说，内嵌式加固方法并不比外贴式加固方法好。

本 章 小 结

本章进行了对比梁、外贴 CFRP 板加固宽缺口混凝土梁（EBRK 系列试验梁）、外贴 CFRP 板加固混凝土梁（EBR 系列试验梁）、内嵌 CFRP 筋加固宽缺口混凝土梁（NSMK1 系列试验梁、NSMK2 系列试验梁）、内嵌 CFRP 筋加固混凝土梁（NSM1 系列试验梁、NSM2 系列试验梁）的弯曲性能试验研究，分析了不同加固方法对加固梁承载能力、变形能力、应变变化、裂缝开展等力学性能的影响，得到了如下初步结论：

（1）CFRP 板加固宽缺口混凝土梁的破坏形态比较复杂，有弯曲破坏、剪切破坏、剥离破坏等形式，有时几种破坏形式会同时发生，特别是剥离破坏，其影响因素较多，如黏结材料的性能、粘贴方式、CFRP 板的厚度等。在工程实际中，应避免由于 CFRP 板的剥离破坏先于弯曲破坏而达不到预期的加固目的的情况发生。

（2）外贴 CFRP 板加固宽缺口混凝土梁，能够明显提高加固梁的极限承载能力，其中 EBRK 系列梁提高幅度最大为 30%，EBR 加固的普通梁提高幅度最大为 50%。

（3）内嵌 CFRP 筋加固宽缺口混凝土梁能够有效提高被加固梁的开裂荷载、屈服荷载及极限荷载，其中 NSMK 系列梁的最大提高幅度分别为 33.3%、44.4%、90%，且随加固量的增加而增大；NSM 加固普通梁的最大提高幅度分别为 66.7%、77.8%、90%，且随加固量的增加而增大。

（4）CFRP 加固宽缺口混凝土梁对提高加固梁的抗变形能力有一定影响。其中 EBRK 系列梁的变形小于 NSMK 系列梁的变形；CFRP 加固宽缺口混凝土梁的变形小于 CFRP 加固普通混凝土梁的变形；CFRP 筋加固宽缺口混凝土梁的变形是随着加固量的增加而加大的。

（5）外贴 CFRP 板加固混凝土梁容易发生剥离破坏，从而使 CFRP 板的高强性能得不到充分发挥，导致 CFRP 板的强度利用率很低；而内嵌 CFRP 筋由于黏结效果较好，能充分发挥 CFRP 筋的高强性能，体现了内嵌 CFRP 筋加固混凝土梁的优势。

（6）虽然说 CFRP 加固普通混凝土梁的效果优于 CFRP 加固宽缺口混凝土梁的效果，但 CFRP 加固宽缺口混凝土梁与 CFRP 加固普通混凝土梁相比，CFRP 的受力明确，便于 CFRP 的应变测试和受力分析，尤其是在研究 CFRP 与混凝土界面的黏结-滑移和宏观承载力时，更显示出 CFRP 加固宽缺口混凝土梁的优势。

（7）待加固的混凝土构件或结构往往包含有初始裂缝，在宽缺口混凝土梁凹槽直角处存在应力集中,裂缝会首先在应力集中处产生并扩展,导致混凝土梁的强度逐渐劣化直至发生断裂破坏;而处于临界破坏拉剪应力场中的混凝土,裂纹的劣化、断裂还有加剧、突变的趋势。为此,必须对宽缺口混凝土梁的断裂特性开展研究。

(8) 在混凝土梁受到过大的荷载时,存在着大量的断裂裂纹,使得混凝土表现出复杂的力学特性。所以,有必要研究在拉应力条件下Ⅰ型断裂破坏特征的基础上,运用断裂力学理论和数值计算技术,考虑拉剪状态下裂纹尖端应力场和裂纹扩展方向,结合前期研究被加固梁试验成果,分析拉剪应力作用下Ⅰ、Ⅱ型裂纹的应力强度因子和主裂纹扩展角,并分析内嵌 CFRP 筋加固的宽缺口混凝土梁的拉剪起裂、分支裂纹的扩展、贯通破坏等规律,为进一步研究内嵌 CFRP 加固混凝土梁的强度特性、损伤特性和断裂特性奠定理论基础。

CFRP 加固宽缺口混凝土梁应变协调关系准平截面假定的构建

4.1 引　言

纤维增强材料(Fiber Reinforced Plastic)加固混凝土梁是一项新的结构加固技术,其基本的加固方式如图 4-1 所示。有混凝土梁外贴(External Bonded)FRP 板条(Strip)加固[图 4-1(a)]、外贴 FRP 板(Plate)加固[图 4-1(b)]、受拉压混凝土保护层中内嵌(Near-Surface Mounted)FRP 板条加固[图 4-1(d)]和内嵌 FRP 筋(Bar)材加固[图 4-1(e)]等形式。外贴加固技术具有施工方便、耐腐蚀、质量小、强度高、不减少梁下净空、不增加结构自重并可以在轻微影响或不影响既有结构使用的情况下进行施工等一系列优点;而内嵌加固技术更能改善 FRP 和混凝土梁的整体黏结性能,充分发挥 FRP 的强度,同时防火性能优异。

经典理论研究表明,混凝土梁的变形规律符合"平均应变平截面假定"(即平截面假定),混凝土梁受力后,截面各点混凝土和钢筋的纵向应变沿截面的高度方向呈直线变化,虽然就单个截面而言,此假定不一定成立,但跨越若干条裂缝后,钢筋和混凝土的变形是协调的。而混凝土梁通过外贴或内嵌 FRP 加固后,其截面上各点的混凝土、钢筋及外贴的 FRP 纵向应变沿截面高度方向绝不是呈直线变化的,或者说绝不是呈单一直线变化的,即加固后混凝土梁中截面各点的纵向应变沿截面高度方向不是沿着 *EAC* 线变化的

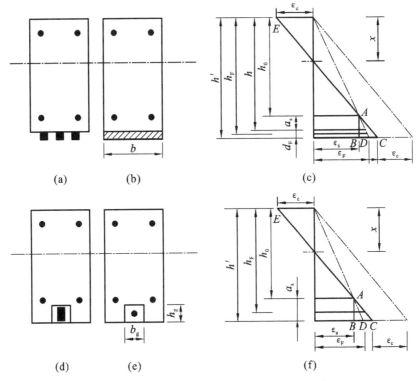

图 4-1　CFRP 加固混凝土梁的几种方式

（图 4-1）。由于外贴 FRP、胶粘剂及混凝土彼此的界面存在滑移，胶粘剂存在剪切变形，FRP 的应变将沿着 AD 线变化，即混凝土、钢筋、FRP 纵向应变沿截面高度方向呈 EA、AD 双直线变化，笔者将其称之为准平截面假定（Quasi-plane-hypothesis）。若梁中截面上各点的纵向应变沿截面高度的变化满足平截面假定，那么沿梁高度方向混凝土应变 ε_c、钢筋应变 ε_s 和 FRP 应变 ε_F 将沿着 EAC 线变化，ε_F 和 ε_s、ε_c 利用图 4-1 中几何关系即可求得。也有学者在研究外贴钢板加固混凝土梁时，提出了混凝土应变、钢筋应变、外贴钢板应变沿梁截面高度满足拟平面假定的假设，认为混凝土应变 ε_c、钢筋应变 ε_s 和外贴钢板应变 ε_s' 沿梁的截面高度满足拟平面假定，即应变沿截面高度的变化沿 EAB 线运动，即 $\varepsilon_s = \varepsilon_s'$，显然此假定有一定的近似程度。笔者提出的准平截面假定认为,混凝土应变 ε_c、钢筋应变 ε_s 和 FRP 应变 ε_F 在梁截面高度上沿 EAC 变化,ε_c 和 ε_s 满足平截面假定,由图 4-1 中几何关系可以确定,而 ε_F 与 ε_s 的关系满足一定的比例关系,即 $\varepsilon_F = K\varepsilon_s$。且在外贴 FRP 情况下,$1 \leqslant K \leqslant (h' - x)/(h_0 - x)$;在内嵌 FRP 情况下,$1 \leqslant K \leqslant (h_F - x)/(h_0 - x)$。

虽然 FRP 在土木工程的应用与研究历史不长,但已经得到国际学术界的普遍认同,成为各国研究开发的热点,并已取得大量的有价值的研究成果。但查阅几乎所有研究类、分析类的有关外贴或内嵌 FRP 类材料加固混凝土梁的文章,都是以平截面假定作为基础[217-240],进行测试结果的整理和理论公式的推导。而要满足平截面假定,保证胶层厚度均匀且胶层不发生剪切变形是关键,但在试验中很难做到这一点,因为在加固梁体系中,混凝土梁与 FRP 板之间,由于存在一层厚度不等的胶粘剂,当梁受到外荷载作用且在混凝土梁开裂之前,由于胶粘层的滑移或剪切变形,混凝土梁、胶粘剂和 FRP 在几何上虽然是连续的,实际上胶粘层的厚度及均匀性已经发生变化,所以应变协调关系已不满足平截面假定。混凝土开裂以后,FRP 与混凝土之间存在有一定的相对滑移,严格来说,破坏截面的局部范围内,FRP 的应变及梁内钢筋的应变已偏离了压区混凝土应变分布的直线关系,但是构件的破坏总是发生在一定长度区段内。分析表明,实测的量测标距相当于裂缝间的平均应变,钢筋的应变仍然符合平截面假定,只是 FRP 板的应变较平截面假定的计算值相对较小,且 FRP 板的应变与钢筋应变之比符合一定的关系,并与 FRP 板厚度有关,要确定这一关系式,还必须弄清 FRP 板中应力沿 FRP 板厚度的分布情况。进行应变测试只是一种外在行为,而界面特性分析才是基础。从一般的加固体系看,其中含有混凝土、钢筋、胶粘剂、FRP,每两种材料的界面几乎都是体系承载力的薄弱环节,其界面的特性理论不明了。外贴 FRP 加固混凝土梁在 FRP 板端部存在奇异点,板端和板边厚度的突变存在应力集中；内嵌 FRP 加固混凝土梁，其破坏模式依赖于混凝土与胶粘剂界面、FRP 与胶粘剂界面、胶粘剂剪切变形性能、胶粘剂与混凝土剪切强度的对比等诸多要素的相对强弱关系，从一般的界面理论和某一假定的破坏模式，难以对其破坏强度做出相对精确的理论推演。因此，对 FRP 加固混凝土结构进行深度研究的基本理论基础还不完善，而进行外贴或内嵌 FRP 类材料加固混凝土梁应变协调数量关系的研究就显得极为重要。本章"CFRP 加固（宽缺口）混凝土梁应变协调关系的准平截面假定的构建"就是针对外贴或内嵌 FRP 类材料的具体特点，进行加固混凝土梁应变协调数量关系的试验研究和理论计算，以期弥补国内外在该领域试验和理论研究的不足，推动 FRP 类材料加固混凝土结构在工程界的广泛应用。首先，在确保混凝土梁几何尺寸、梁内钢筋的位置、胶粘剂的厚度、外贴或内嵌材料位置及几何尺寸精确的情况下，精确测定加固梁中混凝土应变 ε_c、钢筋应变 ε_s 和 FRP 应变 ε_F，得到外贴 FRP 情况下 ε_F 与 ε_s、ε_c 与 ε_s 的数量比例关系，求得 K 值的统计大小；然后以 K 值为基础，计算加固梁的开裂荷载、极限荷载和整体刚度情况，并与实测结果相对比；其次由弹性理论出发，对加固梁体系中各材料的界面、边界、各材料要素的变形和内力进行数值分析，从理论上对准平截面假定做出解释。

试验表明，粘贴 CFRP 板的混凝土梁、粘贴 CFRP 板的宽缺口混凝土梁、粘贴 CFRP 筋的混凝土梁、粘贴 CFRP 筋的宽缺口混凝土梁，在外荷载的作用下，CFRP 板的应变、CFRP 筋的应变、钢筋及混凝土应变的数值大小不完全符合平截面假定，而是介于拟平面假定和经典平面假定之间。所谓拟平面假定，即组合混凝土梁截面有效高度 h_0 范围内平行于梁中性轴的各纵向纤维的应变与其到中性轴的距离成正比，其他平行于中性轴的纵向纤维具有与钢筋重心处混凝土纵向纤维相同的应变。这种介于拟平面假定与平面假定之间的情况我们称之为准平面假定。

4.2 弹性理论的基本假定

（1）组合截面应变成双线性分布。

（2）忽略 CFRP 板、CFRP 筋与混凝土梁之间的相对滑移。

（3）受拉区混凝土及胶粘层不参与受拉。

（4）对试验梁暂不计混凝土和胶粘剂收缩、徐变及温度应力的影响。

4.3 粘贴 CFRP 加固的宽缺口混凝土梁应变协调的准平面假定

由图 4-2 有如下公式。

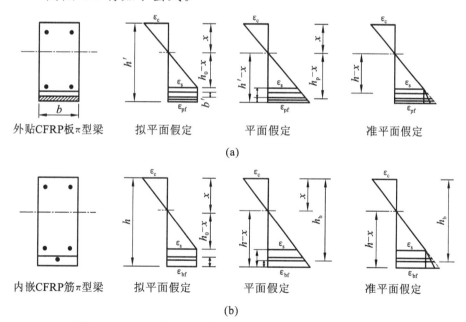

图 4-2 CFRP 加固宽缺口混凝土梁三类平面假定图示

拟平面假定：

$$\varepsilon_{pf} = \varepsilon_s, \quad \varepsilon_{bf} = \varepsilon_s \quad (4-1)$$

平面假定：

$$\frac{\varepsilon_{pf}}{h'-x}=\frac{\varepsilon_s}{h_0-x}=\frac{\varepsilon_c}{x}, \quad \frac{\varepsilon_{bf}}{h-x}=\frac{\varepsilon_s}{h_0-x}=\frac{\varepsilon_c}{x} \quad (4-2)$$

准平面假定：

$$\frac{\varepsilon_s}{h_0-x}=\frac{\varepsilon_c}{x}, \quad \varepsilon_{pf}=K\varepsilon_s, \quad \varepsilon_{bf}=K'\varepsilon_s \quad (4-3)$$

式中　ε_{pf}、ε_{bf}——CFRP 板、CFRP 筋重心处应变；

　　　　h'——混凝土梁含粘贴 CFRP 板全高，$h'=h_0+a_s+d_{pf}$；

　　　　h_0——主筋中心线到混凝土上边缘的距离；

　　　　a_s——主筋中心线到混凝土下边缘的距离；

　　　　d_{pf}——CFRP 板厚度；

　　　　x——中性轴到混凝土上边缘的距离；

　　　　h——混凝土梁(含内嵌 CFRP 筋)全高，$h=h_0+a_s$；

　　　　K——CFRP 板应变修正系数，$1 \leqslant K \leqslant \dfrac{h'-x}{h_0-x}$；

　　　　K'——CFRP 筋应变修正系数，$1 \leqslant K' \leqslant \dfrac{h-x}{h_0-x}$；

　　　　h_b——CFRP 筋截面形心轴到梁顶纤维的距离，$h_b=h-d_{bf}$；

　　　　d_{bf}——CFRP 筋中心到梁底边距离，按开槽的深度可取 $d_{bf}=$
　　　　　　　10mm。

由式(4-3)可知：

$$\varepsilon_{pf}=\frac{\sigma_{pf}}{E_{pf}}=K\varepsilon_s=K\frac{\sigma_s}{E_s} \quad (4-4a)$$

$$\varepsilon_{bf}=\frac{\sigma_{bf}}{E_{bf}}=K'\varepsilon_s=K'\frac{\sigma_s}{E_s} \quad (4-4b)$$

则有：

$$\sigma_{pf}=K\frac{E_{pf}}{E_s}\sigma_s=Kn'_{pf}\sigma_s \quad (4-5a)$$

$$\sigma_{bf}=K\frac{E_{bf}}{E_s}\sigma_s=K'n'_{bf}\sigma_s \quad (4-5b)$$

式中　ε_{pf}，ε_{bf}——CFRP 板、CFRP 筋重心处应变；

　　　　σ_{pf}，σ_{bf}——CFRP 板、CFRP 筋轴心应力。

$n'_{pf} = E_{pf}/E_s$ 为 CFRP 板与钢筋弹性模量之比；$n'_{bf} = E_{bf}/E_s$ 为 CFRP 筋与钢筋弹性模量之比。通常情况下，CFRP 板的弹性模量 $E_{pf} = 1.6 \times 10^5$ MPa，钢筋的弹性模量 $E_s = 2.1 \times 10^5$ MPa，所以 n'_{pf} 的值为 16/21；CFRP 筋的弹性模量 $E_{bf} = 1.4 \times 10^5$ MPa，所以 n'_{bf} 的值为 2/3。

用 CFRP 板和 CFRP 筋补强加固后的宽缺口混凝土梁正截面承载力计算公式如下[3]：

对于 CFRP 板加固有：

$$\frac{1}{2} b x \sigma_c + \sigma'_s A'_s = A_s \sigma_s + K \sigma_s n'_{pf} A_p \tag{4-6a}$$

$$M = \frac{1}{2} b x \sigma_c \cdot \frac{2}{3} x + A'_s \sigma'_s (x - a'_s) + A_s \sigma_s (h_0 - x) + K \sigma_s n'_{pf} A_p (h_p - x) \tag{4-6b}$$

或

$$M = \frac{1}{2} b x \sigma_c \left(h_0 - \frac{x}{3}\right) + A'_s \sigma'_s (h_0 - a'_s) + K \sigma_s n'_{pf} A_p (h_p - h_0) \tag{4-6c}$$

式中　h_p——CFRP 板截面形心轴到梁顶纤维的距离；

　　　　其他符号含义同前。

对于 CFRP 筋加固有：

$$\frac{1}{2} b x \sigma_c + \sigma'_s A'_s = A_s \sigma_s + K \sigma_s n'_{bf} A_b \tag{4-7a}$$

$$M = \frac{1}{2} b x \sigma_c \cdot \frac{2}{3} x + A'_s \sigma'_s (x - a'_s) + A_s \sigma_s (h_0 - x) + K \sigma_s n'_{bf} A_b (h_b - x) \tag{4-7b}$$

或

$$M = \frac{1}{2} b x \sigma_c \left(h_0 - \frac{x}{3}\right) + A'_s \sigma'_s (h_0 - a'_s) + K \sigma_s n'_{bf} A_b (h_b - h_0) \tag{4-7c}$$

由图 4-3、图 4-4 还可以求得 CFRP 板和 CFRP 筋补强加固梁双筋截面极限承载能力为：

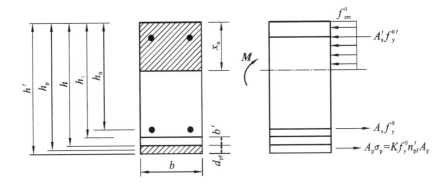

图 4-3   CFRP 板加固宽缺口混凝土梁极限承载力图示

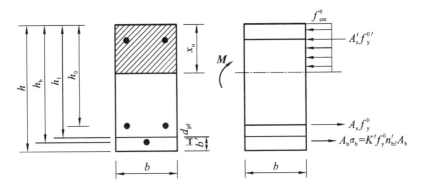

图 4-4   CFRP 筋加固宽缺口混凝土梁极限承载力图示

$$M_u \leqslant x_u \cdot b \cdot \frac{x_u}{2} \cdot f_{cm}^0 + A_s' f_y^{0\prime}(x_u - a_s') + A_s f_y^0 (h_0 - x_u) +$$

$$K f_y^0 n_{pf}' A_p (h_p - x_u) \tag{4-8a}$$

$$x_u = \frac{A_s f_y^0 + K f_y^0 n_{pf}' A_p - f_y^{0\prime} A_s'}{f_{cm}^0 \cdot b} \tag{4-8b}$$

$$M_u \leqslant x_u \cdot b \cdot \frac{x_u}{2} \cdot f_{cm}^0 + A_s' f_y^{0\prime}(x_u - a_s') + A_s f_y^0 (h_0 - x_u) + K f_y^0 n_{bf}' A_b (h_b - x_u)$$

$$\tag{4-9a}$$

$$x_{\mathrm{u}}=\frac{A_{\mathrm{s}}f_{\mathrm{y}}^{0}+Kf_{\mathrm{y}}^{0}n_{\mathrm{bf}}'A_{\mathrm{b}}-f_{\mathrm{y}}^{0'}A_{\mathrm{s}}'}{f_{\mathrm{cm}}^{0}\cdot b} \tag{4-9b}$$

式中　f_{cm}^{0}——混凝土的抗压强度；

　　　$f_{\mathrm{y}}^{0'}$——架立筋的抗压强度；

　　　f_{y}^{0}——主筋的抗拉强度；

　　　a_{s}'——架立筋中心线到混凝土上边缘的距离；

　　　A_{p}——CFRP 板的面积；

　　　A_{b}——CFRP 筋的面积；

　　　A_{s}——主筋的面积；

　　　A_{s}'——架立筋的面积。

　　式(4-8a)、式(4-8b)中 CFRP 板的应变取的是 CFRP 板最外层纤维的应变 $h_{\mathrm{p}}=h'$，由于 CFRP 板沿厚度方向的应力或应变是不均匀的，所以精确计算中应取 CFRP 板截面应力重心处的应变 $\varepsilon_{\mathrm{px}}$，如图 4-5 所示（图中 h_{1} 表示被切除的纯弯段底部到梁上边缘距离）：

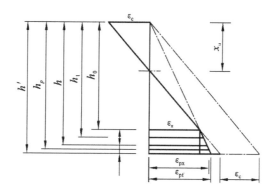

图 4-5　$\varepsilon_{\mathrm{px}}$ 求法示意

$$\varepsilon_{\mathrm{s}}\leqslant\varepsilon_{\mathrm{px}}\leqslant\varepsilon_{\mathrm{pf}} \tag{4-10}$$

$$\frac{\varepsilon_{\mathrm{pf}}-\varepsilon_{\mathrm{s}}}{a_{\mathrm{s}}+d_{\mathrm{pf}}}=\frac{\varepsilon_{\mathrm{px}}-\varepsilon_{\mathrm{s}}}{a_{\mathrm{s}}+\dfrac{3a_{\mathrm{s}}+2d_{\mathrm{pf}}}{6a_{\mathrm{s}}+3d_{\mathrm{pf}}}d_{\mathrm{pf}}} \tag{4-11}$$

即有：

$$\varepsilon_{px} = \left[1 + \frac{(K-1)\left(a_s + \dfrac{3a_s + 2d_{pf}}{6a_s + 3d_{pf}}d_{pf}\right)}{a_s + d_{pf}}\right]\varepsilon_s \qquad (4\text{-}12)$$

在求 CFRP 板加固宽缺口混凝土梁截面极限承载能力时有：

$$\sigma_{bf} = \left[1 + \frac{(K-1)\left(a_s + \dfrac{3a_s + 2d_{pf}}{6a_s + 3d_{pf}}d_{pf}\right)}{a_s + d_{pf}}\right]n'_{pf}f_s^0 \qquad (4\text{-}13)$$

式(4-9a)、式(4-9b)中 CFRP 筋的应变取的是 CFRP 筋中心轴纤维的应变，由于 CFRP 筋沿直径方向的应力或应变是不均匀的，所以精确计算中应取 CFRP 筋截面应力重心处的应变 ε_{bx}，但 CFRP 筋的截面应力重心与截面应力中心是重合的，所以 $\varepsilon_{bx} = \varepsilon_{bf}$，如图 4-6 所示。

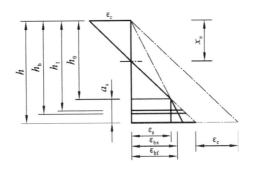

图 4-6　ε_{bx} **求法示意**

4.4　宽缺口混凝土梁的应变协调准平面假定理论试验结果

由式(4-13)可知，CFRP 板中的应力与系数 K、保护层厚度及 CFRP 板的厚度有关，当混凝土保护层厚度确定后，K 值大小又与 CFRP 板厚度有关。因此，CFRP 板中的应力实际上只与 CFRP 板厚度有关。对于参数已知的 CFRP 板加固的宽缺口混凝土梁，要

求 σ_{pf} 及截面极限承载力,关键是求出 K 值;对于参数已知的 CFRP 筋加固的宽缺口混凝土梁,要求 σ_{bf} 及截面极限承载力,也要求出 K 值。表 4-1～表 4-3 列出了 CB 梁、EBRK 系列梁、NSMK 系列梁跨中点钢筋及 CFRP 板、CFRP 筋应变与荷载的关系,并求得了 EBRK 系列梁中 $\varepsilon_{pf}/\varepsilon_s$ 的比值 K_{KEBR} 和 NSMK 系列梁中 $\varepsilon_{bf}/\varepsilon_s$ 的比值 $K_{\pi NSM1}$、$K_{\pi NSM2}$。由表 4-1～表 4-3 可知,K 的值可以取 1.1,把 K 值代入式(4-8a)、式(4-8b)中即可求得 CFRP 板加固宽缺口混凝土梁截面极限承载能力;把 K 值代入式(4-9a)、式(4-9b)中即可求得 CFRP 筋加固宽缺口混凝土梁极限承载能力。CFRP 板、CFRP 筋加固宽缺口混凝土梁静载试验结果见表 4-4。

表 4-1　宽缺口试验梁跨中钢筋、CFRP 板应变汇总(外贴)

荷载 (kN)	钢筋应变					CFRP 板应变				K_{KEBR}			
	CB	EBR 1	EBR 2	EBR 3	EBR 4	EBR 1	EBR 2	EBR 3	EBR 4	EBR 1	EBR 2	EBR 3	EBR 4
20	289	404	405	445	302	454	408	475	306	1.12	1.00	1.07	1.01
30	472	634	640	702	472	671	682	748	494	1.06	1.07	1.07	1.05
40	796	872	919	973	609	888	935	1001	698	1.02	1.02	1.03	1.15
50	1104	981	1040	1029	785	1109	1174	1196	895	1.13	1.13	1.16	1.14
60	1386	1235	1320	1393	960	1346	1396	1428	1090	1.09	1.06	1.03	1.14
70	1481	1412	1554	1559	1117	1563	1624	1655	1265	1.11	1.05	1.06	1.13
80	1581	1544	1762	1702	1374	1757	1816	1843	1466	1.14	1.03	1.08	1.07
90	1670	1798	1939	1872	1530	1966	2028	2062	1608	1.09	1.05	1.10	1.05
100	1742	1855	2195	1944	1609	2169	2224	2269	1753	1.17	1.01	1.17	1.09
110	—	1950	2291	2329	2041	2419	2421	2659	2269	1.24	1.06	1.14	1.11
120	—	2092	2545	—	—	2625	2626	—	—	1.25	1.03	—	—

表 4-2　宽缺口试验梁跨中钢筋、CFRP 筋应变汇总（一）（内嵌）

荷载 (kN)	钢筋应变					CFRP 筋应变				K_{KNSM1}			
	CB	NSM 11	NSM 12	NSM 13	NSM 14	NSM 11	NSM 12	NSM 13	NSM 14	NSM 11	NSM 12	NSM 13	NSM 14
20	289	622	665	669	604	693	749	749	632	1.11	1.13	1.12	1.05
30	472	1069	1083	1094	1034	1207	1241	1159	1190	1.13	1.14	1.06	1.15
40	796	1401	1464	1371	1428	1616	1667	1488	1667	1.15	1.14	1.09	1.16
50	1104	1833	1810	1759	1896	2010	2052	1833	2088	1.10	1.13	1.04	1.10
60	1386	2082	2139	1941	2149	2409	2430	2199	2471	1.10	1.14	1.13	1.14
70	1481	2461	2400	2313	2597	2759	2777	2532	2834	1.12	1.15	1.10	1.09
80	1581	2711	2750	2678	2849	3151	3133	2904	3194	1.12	1.14	1.08	1.12
90	1670	3169	3123	3168	3222	3535	3471	3476	3543	1.12	1.11	1.10	1.10
100	1742	3842	3829	4851	3848	4046	3970	5139	4289	1.05	1.04	1.06	1.11
110	—	4821	4826	—	4806	5588	5737	6590	5470	1.16	1.19	—	1.14
120	—	—	—	—	—	6884	7502	8356	7062	—	—	—	—
130	—	—	—	—	—	7568	8991	9178	8905	—	—	—	—
140	—	—	—	—	—	8994	9805		9895	—	—	—	—

表 4-3　宽缺口试验梁跨中钢筋、CFRP 筋应变汇总（二）（内嵌）

荷载 (kN)	钢筋应变					CFRP 筋应变				K_{KNSM2}			
	CB	NSM 21	NSM 22	NSM 23	NSM 24	NSM 21	NSM 22	NSM 23	NSM 24	NSM 21	NSM 22	NSM 23	NSM 24
20	289	692	547	672	420	715	616	765	484	1.03	1.13	1.14	1.15
30	472	1071	923	1002	820	1102	1051	1229	870	1.03	1.14	1.12	1.06

续表 4-3

荷载 (kN)	钢筋应变					CFRP 筋应变				K_{KNSM2}			
	CB	NSM 21	NSM 22	NSM 23	NSM 24	NSM 21	NSM 22	NSM 23	NSM 24	NSM 21	NSM 22	NSM 23	NSM 24
40	796	1393	1231	1427	1115	1456	1450	1640	1213	1.05	1.17	1.14	1.09
50	1104	1602	1557	1835	1417	1776	1794	2009	1565	1.11	1.15	1.09	1.10
60	1386	1852	1842	2162	1755	2085	2100	2367	1901	1.13	1.14	1.09	1.08
70	1481	2184	2139	2292	1933	2359	2396	2697	2205	1.08	1.12	1.13	1.14
80	1581	2434	2455	2764	2235	2687	2720	2987	2503	1.10	1.11	1.08	1.12
90	1670	2659	2765	2920	2440	2986	3026	3270	2800	1.12	1.09	1.12	1.14
100	1742	2896	2976	3239	2698	3293	3335	3557	3089	1.14	1.12	1.08	1.14
110	—	3382	3349	4042	3197	3620	3627	4374	3383	1.07	1.08	1.08	1.13
120	—	3810	3820	4936	3565	4081	4590	5564	3722	1.07	1.20	1.13	1.11
130	—	4606	4688	—	4690	5013	5341	6615	4888	1.08	1.14	—	1.11
140	—	—	—	—	—	5804	6017	7925	5763	—	—	—	—
150	—	—	—	—	—	6614	7326	8328	6316	—	—	—	—
160	—	—	—	—	—	7628	7816	—	7537	—	—	—	—
170	—	—	—	—	—	8326	8716	—	8182	—	—	—	—
180	—	—	—	—	—	9539	9927	—	8528	—	—	—	—

表 4-4 对比梁、加固梁静力试验结果（一）

梁编号	开裂荷载 P_{cr} (kN)	开裂弯矩 M_{cr} (kN·m)	极限荷载 P_u (kN)	极限弯矩 (kN·m)		$\dfrac{M_u'}{M_u}$
				试验值 M_u'	计算值 M_u	
CB	15	6	100	40	36.1	1.10
EBRK1	16	6.4	130	52	46.6	1.12

续表 4-4

梁编号	开裂荷载 P_{cr}(kN)	开裂弯矩 M_{cr}(kN·m)	极限荷载 P_u(kN)	极限弯矩(kN·m)		$\dfrac{M'_u}{M_u}$
				试验值 M'_u	计算值 M_u	
EBRK2	18	7.2	120	48	46.6	1.03
EBRK3	18	7.2	110	44	46.6	0.94
EBRK4	17	6.8	110	44	46.6	0.94
NSMK11	20	8	150	60	55.2	1.09
NSMK12	20	8	150	60	55.2	1.09
NSMK13	20	8	140	56	55.2	1.01
NSMK14	20	8	150	60	55.2	1.09
NSMK21	20	8	180	72	68.9	1.04
NSMK22	20	8	180	72	68.9	1.04
NSMK23	20	8	150	60	68.9	0.87
NSMK24	20	8	190	76	68.9	1.10

　　从以往钢筋混凝土梁的试验结果可以得知,和表 4-4 中 CB 梁 M'_u/M_u 的值等于 1.10 是完全吻合的;并且由于 CB 梁中混凝土强度与钢筋强度及配筋量相适应,所以随着荷载的增大,最终的破坏形态为混凝土被压碎。从表 4-4 可以看出,宽缺口加固梁的 M'_u/M_u 的比值都在 1 左右,说明按整体截面梁的相应公式计算被加固混凝土梁弹性极限内力是可行的;但与对比梁相比,宽缺口加固梁最终破坏形态发生了变化,转变为混凝土底部被拉裂、CFRP 板一端脱落、CFRP 筋被拉断。这体现了混凝土拉伸强度的特征,CFRP 板、CFRP 筋的传力介质为混凝土,混凝土在拉剪应力共同作用下,当混凝土的应力超过其拉伸强度时,混凝土就会被拉裂,CFRP 板就会脱落,CFRP 筋就会被拔出。

　　由表 4-4 还可以看出,加固后的宽缺口梁的极限承载能力提高得比较明显,平均提高幅度达 46.7%,这正是由于粘贴在混凝土受拉区的 CFRP 板和内嵌的 CFRP 筋限制了混凝土裂缝发展,或者说 CFRP 板和 CFRP 筋替拉区混凝土承担部分拉力所致。NSMK 系列梁的开裂弯矩和极限弯矩的计算值、试验值比 EBRK 系列梁的大,但 NSMK 系列加固梁中内嵌 1 根 CFRP 筋和内嵌 2 根 CFRP 筋的开裂弯矩的值是一样的,这说明加固量的增加并不能提高加固梁的开裂荷载,而极限弯矩值是有所提高的。

4.5 内嵌或外贴混凝土梁应变协调的准平面假定理论试验结果

CFRP 加固混凝土梁与 CFRP 加固宽缺口混凝土梁一样均满足准平面假定,理论公式的推导详见 4.2 节。因此,对于参数已知的 CFRP 加固混凝土梁,要求 σ 及截面极限承载力,关键是求出 K 值。表 4-5～表 4-7 列出了 CB 梁、EBR 加固普通梁、NSM 加固普通梁跨中点钢筋及 CFRP 板、CFRP 筋应变与荷载的关系,并求得了 EBR 系列梁中 K_{EBR} 值、NSM 系列梁中 K_{NSM1} 值和 K_{NSM2} 值。由表 4-5～表 4-7 可知,K 值可以取 1.1,同样把 K 值代入式(4-8a)、式(4-8b)中即可求得 CFRP 板加固混凝土梁截面极限承载能力;把 K 值代入式(4-9a)、式(4-9b)中即可求得 CFRP 筋加固混凝土梁截面极限承载能力。CFRP 板、CFRP 筋加固混凝土梁静载破坏试验结果见表 4-8。

表 4-5 试验梁跨中钢筋、CFRP 板应变汇总(外贴)

荷载 (kN)	钢筋应变					CFRP 板应变				K_{EBR}			
	CB	EBR 1	EBR 2	EBR 3	EBR 4	EBR 1	EBR 2	EBR 3	EBR 4	EBR 1	EBR 2	EBR 3	EBR 4
20	289	207	195	224	232	224	214	243	255	1.08	1.10	1.13	1.10

续表 4-5

| 荷载 (kN) | 钢筋应变 | | | | | CFRP 板应变 | | | | | K_{EBR} | | | |
	CB	EBR 1	EBR 2	EBR 3	EBR 4	EBR 1	EBR 2	EBR 3	EBR 4	EBR 1	EBR 2	EBR 3	EBR 4
30	472	339	391	383	385	358	438	415	427	1.06	1.12	1.08	1.11
40	796	435	680	533	602	488	771	594	662	1.12	1.13	1.11	1.10
50	1104	565	987	701	786	609	1068	787	882	1.08	1.08	1.12	1.12
60	1386	652	1181	926	1001	723	1319	991	1131	1.11	1.12	1.07	1.13
70	1481	772	1444	1113	1220	840	1562	1185	1329	1.09	1.08	1.06	1.09
80	1581	928	1568	1227	1401	998	1769	1380	1549	1.08	1.13	1.12	1.11
90	1670	1233	1868	1447	1598	1338	2004	1574	1734	1.09	1.07	1.09	1.09
100	1742	1450	2028	1687	1789	1562	2195	1790	1961	1.08	1.08	1.06	1.10
110	—	1807	2171	1783	2018	1898	2376	1995	2188	1.05	1.09	1.12	1.08
120	—	1872	2378	2049	2175	2092	2623	2202	2366	1.12	1.10	1.07	1.09
130	—	—	2532	2232	2356	2356	2825	2429	2581	—	1.12	1.09	1.10
140	—	—	—	2422	—	2549	—	2622	2803	—	—	1.08	1.10
150	—	—	—	2587	—	—	—	2837	—	—	—	1.10	—

表 4-6 试验梁跨中钢筋、CFRP 筋应变汇总（内嵌 1 根）

| 荷载 (kN) | 钢筋应变 | | | | | CFRP 筋应变 | | | | | K_{NSM1} | | | |
	CB	NSM 11	NSM 12	NSM 13	NSM 14	NSM 11	NSM 12	NSM 13	NSM 14	NSM 11	NSM 12	NSM 13	NSM 14
20	289	503	320	456	496	562	359	502	532	1.12	1.12	1.10	1.07
30	472	856	578	746	785	933	632	805	865	1.09	1.09	1.08	1.10
40	796	1138	832	989	1078	1258	921	1100	1189	1.11	1.11	1.11	1.10

荷载 (kN)	钢筋应变					CFRP 筋应变				K_{NSM1}			
	CB	NSM 11	NSM 12	NSM 13	NSM 14	NSM 11	NSM 12	NSM 13	NSM 14	NSM 11	NSM 12	NSM 13	NSM 14
50	1104	1429	1105	1221	1258	1559	1210	1355	1356	1.09	1.10	1.11	1.08
60	1386	1725	1389	1435	1321	1860	1502	1578	1443	1.08	1.08	1.10	1.09
70	1481	1931	1612	1656	1458	2160	1808	1819	1616	1.12	1.12	1.10	1.11
80	1581	2023	1912	1895	1723	2215	2124	2067	1857	1.09	1.11	1.10	1.08
90	1670	2095	2196	1925	1812	2306	2436	2130	1956	1.10	1.10	1.11	1.08
100	1742	2197	2519	2125	2021	2406	2737	2307	2235	1.10	1.09	1.09	1.11
110	—	2315	2749	2215	2189	2471	2994	2444	2358	1.07	1.09	1.10	1.08
120	—	2386	2987	2285	2325	2544	3242	2513	2557	1.07	1.09	1.10	1.10
130	—	2409	3456	2438	2485	2595	3860	2690	2683	1.08	1.12	1.10	1.08
140	—	2462	3895	2563	2598	2633	4216	2745	2796	1.07	1.08	1.07	1.08
150	—	2571	—	2658	2643	2849	—	2864	2902	1.10	—	1.08	1.10

表 4-7　试验梁跨中钢筋、CFRP 筋应变汇总（内嵌 2 根）

荷载 (kN)	钢筋应变					CFRP 筋应变				K_{NSM2}			
	CB	NSM 21	NSM 22	NSM 23	NSM 24	NSM 21	NSM 22	NSM 23	NSM 24	NSM 21	NSM 22	NSM 23	NSM 24
20	289	401	209	231	223	442	234	251	245	1.10	1.12	1.09	1.10
30	472	739	478	443	451	806	522	497	495	1.09	1.09	1.12	1.10
40	796	993	705	675	722	1109	782	737	786	1.12	1.10	1.09	1.09
50	1104	1273	922	864	865	1396	1006	955	942	1.10	1.09	1.11	1.09
60	1386	1508	1131	1095	1085	1672	1238	1196	1187	1.11	1.09	1.09	1.09

续表 4-7

荷载（kN）	钢筋应变					CFRP 筋应变				K_{NSM2}			
	CB	NSM21	NSM22	NSM23	NSM24	NSM21	NSM22	NSM23	NSM24	NSM21	NSM22	NSM23	NSM24
70	1481	1787	1334	1342	1358	1955	1472	1454	1436	1.09	1.10	1.08	1.06
80	1581	1990	1696	1607	1615	2218	1776	1744	1758	1.11	1.05	1.09	1.09
90	1670	2280	1869	1883	1895	2484	2027	2076	2013	1.09	1.08	1.10	1.06
100	1742	2513	2083	2169	1996	2774	2309	2402	2232	1.10	1.11	1.11	1.12
110	—	2793	2377	2466	2316	3080	2588	2698	2523	1.10	1.09	1.09	1.09
120	—	3078	2639	2807	2615	3384	2908	3083	2845	1.10	1.10	1.10	1.09
130	—	3663	3675	3306	3321	4090	4015	3591	3628	1.12	1.09	1.09	1.09
140	—	4658	4541	4191	3896	5193	5065	4679	4169	1.11	1.12	1.12	1.07
150	—	—	—	—	—	5938	6086	6049	5298	—	—	—	—
160	—	—	—	—	—	6373	7025	7410	6875	—	—	—	—
170	—	—	—	—	—	6812	8188	8330	7536	—	—	—	—
180	—	—	—	—	—	7475	9012	9792	8659	—	—	—	—
190	—	—	—	—	—	8056	9823		9124	—	—	—	—

表 4-8　对比梁、加固梁静力试验结果（二）

梁编号	开裂荷载 P_{cr}（kN）	开裂弯矩 M_{cr}（kN·m）	极限荷载 P_u（kN）	极限弯矩（kN·m）		$\dfrac{M_u'}{M_u}$
				试验值 M_u'	计算值 M_u	
CB	15	6	100	40	36.1	1.10
EBR1	19	7.6	120	48	46.6	1.03
EBR2	20	8	130	52	46.6	1.12
EBR3	18	7.2	150	60	46.6	1.12

梁编号	开裂荷载 P_{cr}(kN)	开裂弯矩 M_{cr}(kN·m)	极限荷载 P_u(kN)	极限弯矩(kN·m)		$\dfrac{M'_u}{M_u}$
				试验值 M'_u	计算值 M_u	
EBR4	20	8	140	56	46.6	1.12
NSM11	20	8	150	60	55.2	1.09
NSM12	20	8	140	56	55.2	1.01
NSM13	20	8	150	60	55.2	1.09
NSM14	20	8	150	60	55.2	1.09
NSM21	25	10	190	76	68.9	1.10
NSM22	25	10	190	76	68.9	1.10
NSM23	25	10	180	72	68.9	1.04
NSM24	25	10	190	76	68.9	1.10

由表 4-8 可知，CFRP 加固混凝土梁的 M'_u/M_u 值也都在 1 左右，这说明 CFRP 加固普通混凝土梁也符合准平面假定，也可以按整体截面梁的相应公式计算被加固混凝土梁弹性极限内力。从 CFRP 加固普通混凝土梁的破坏模式来看（详见第 3 章），混凝土拉伸强度的特征被充分表现出来；但当混凝土的应力超过其拉伸强度时，混凝土会被拉裂，CFRP 板会脱落，CFRP 筋会被拔出。

粘贴在混凝土受拉区的 CFRP 板和嵌入的 CFRP 筋限制了混凝土裂缝的发展，或者说 CFRP 板和 CFRP 筋替拉区混凝土承担了部分拉力。由表 4-8 还可知，加固后的试验梁的承载能力的提高是明显的，外贴 CFRP 板的开裂荷载平均提高幅度达 26.7%，内嵌 1 根 CFRP 筋的开裂荷载平均提高幅度达 33.3%，内嵌 2 根 CFRP 筋加固的混凝土梁的开裂荷载平均提高幅度达 66.7%；而极限荷载的提高就更为明显，外贴 CFRP 板的极限荷载平均提高幅度达 35％,内嵌 1 根 CFRP 筋的开裂荷载平均提高幅度达 47.5％,内嵌 2 根 CFRP 筋的开裂荷载平均提高幅度达 87.5％。 NSM 加固普通梁的开裂弯矩和极限弯矩的计算值、试验值比 EBR 加固普通梁的大,并且 NSM 加固普通梁中内嵌 1 根 CFRP 筋和内嵌 2 根 CFRP 筋的开裂弯矩和极限弯矩值是随着加固量 的增加而增大的。

　　由表 4-1～表 4-3 可知外贴 CFRP 板加固宽缺口混凝土梁的 K_{KEBR} 平均值为 1.09;内嵌 1 根 CFRP 筋加固宽缺口混凝土梁的 K_{KNSM1} 平均值为 1.11;内嵌 2 根 CFRP 筋加固宽缺口混凝土梁的 K_{KNSM2} 平均值为 1.11。由表 4-5～表 4-7 可知,外贴 CFRP 板加固 普通混凝土梁的 K_{EBR} 平均值为 1.09;内嵌 1 根 CFRP 筋加固普通 混凝土梁的 K_{NSM1} 平均值为 1.10;内嵌 2 根 CFRP 筋加固普通混凝 土梁的 K_{NSM2} 平均值为 1.11。如前所述,CFRP 加固宽缺口混凝土 梁的应变修正系数与 CFRP 板的厚度、保护层厚度及梁的有效高 度 h_0 有关,由此可将 K 定义为:

$$K = h_p / h_0 \qquad (4\text{-}14)$$

$$K = h_b / h_0 \qquad (4\text{-}15)$$

　　根据定义式(4-14)、式(4-15),CFRP 加固宽缺口混凝土梁和 CFRP 加固普通混凝土梁的实测数据如表 4-9 所示。

表 4-9　K 的理论值、实测值及误差比较

梁编号	$h_p(h_b)$(mm)	h_p/h_0	h_b/h_0	实测 K	误差(%)
EBRK1	301.4	1.18	—	1.12	5
EBRK2	301.4	1.18	—	1.04	14
EBRK3	301.4	1.18	—	1.09	9
EBRK4	301.4	1.18	—	1.09	9
NSMK11	290	—	1.14	1.12	2

梁编号	$h_p(h_b)$(mm)	h_p/h_0	h_b/h_0	实测 K	误差(%)
NSMK12	290	—	1.14	1.13	1
NSMK13	290	—	1.14	1.09	5
NSMK14	290	—	1.14	1.12	2
NSMK21	290	—	1.14	1.08	6
NSMK22	290	—	1.14	1.13	1
NSMK23	290	—	1.14	1.11	3
NSMK24	290	—	1.14	1.11	3
EBR1	301.4	1.18	—	1.09	9
EBR2	301.4	1.18	—	1.10	8
EBR3	301.4	1.18	—	1.09	9
EBR4	301.4	1.18	—	1.10	8
NSM11	290	—	1.14	1.09	5
NSM12	290	—	1.14	1.10	4
NSM13	290	—	1.14	1.10	4
NSM14	290	—	1.14	1.09	5
NSM21	290	—	1.14	1.02	12
NSM22	290	—	1.14	1.10	4
NSM23	290	—	1.14	1.10	4
NSM24	290	—	1.14	1.09	5

注:所有试验梁的有效高度 h_0 均为 255mm。

本 章 小 结

由前述可知,取 CFRP 板应变修正系数 $K = h_p/h_0$,CFRP 筋应变修正系数 $K = h_b/h_0$ 是完全可行的,而且在对加固梁的极限承载能力计算方面也能达到足够的精度,所以我们可以推测,在胶粘剂相同的情况下,其他类的 FRP 可以有相同的结论。

(1) 无论是宽缺口混凝土梁还是普通混凝土梁,粘贴在混凝土梁受拉区的 CFRP 板和内嵌在混凝土梁受拉区的 CFRP 筋都能较好地与混凝土梁协同工作。但 CFRP 板、CFRP 筋与混凝土梁的黏结能力不及钢筋与混凝土的握裹力,CFRP 板、CFRP 筋与混凝土梁之间存在相对滑移。

(2) 加固的宽缺口梁中,CFRP 板、CFRP 筋、钢筋与混凝土的应变协调关系满足准平面假定;加固普通混凝土梁中,CFRP 板、CFRP 筋、钢筋与混凝土的应变协调关系也满足准平面假定。即加固梁有效高度范围内平行于中性轴的各纵向纤维的应变与其到中性轴的距离成正比,CFRP 板应变与钢筋应变满足 $\varepsilon_{\text{CFRP板}} = \dfrac{h_{\text{CFRP板}}}{h_0}\varepsilon_s$,

CFRP 筋应变与钢筋应变满足 $\varepsilon_{\text{CFRP筋}} = \dfrac{h_{\text{CFRP筋}}}{h_0}\varepsilon_s$。

(3) 在应变协调的准平面假定前提下,CFRP 加固宽缺口混凝土梁和 CFRP 加固普通混凝土梁的极限承载能力计算满足精度要求。

CFRP 加固宽缺口混凝土梁界面特性研究

5.1 引　言

在第 1 章中介绍了 FRP-混凝土界面力学性能的研究现状,对前人的试验结果、研究方法、界面剥离承载力及界面黏结-滑移本构关系模型等情况进行了全面的梳理。从前人所创建的分析方法、分析模型可以看出,无论是外贴 FRP 加固混凝土构件还是内嵌 FRP 加固混凝土构件,其试验方法、分析方法以及由此得到的力学模型都存在一定的局限性,具体表现在:

(1)虽然开展了大量的试验研究工作,但还没有充分认识到界面剥离破坏的内在机制,也没有建立起有效的数值模型来真实再现剥离破坏的全过程。

(2)虽然有关界面剥离承载力的计算模型已有不少,但这些模型缺乏系统精确的理论判据,都是基于大量试验数据经回归得到的,在未来规范其使用过程时难以确保其适应性与合理性。

(3)用试验拟合界面黏结-滑移曲线困难重重,界面不规整导致试验数据离散性大,通过回归拟合难以获得准确的界面黏结-滑移本构关系模型。

(4)从众多试验结果与计算结果的对比看,有关界面黏结-滑移本构关系理论模型的计算结果与试验结果之间存在误差,有时差异还较大。

本章针对 CFRP 加固混凝土复合构件研究的众多问题,就研究 CFRP-混凝土界面黏结-滑移本构关系试验问题、CFRP-混凝土界面黏结-滑移本构模型问题(包括复合梁体中介质与界面的界定、界面黏结剪应力的获取方法、界面滑移量的组成及刚体滑移以及界面黏结-滑移本构关系参数分析及适应性)、CFRP-混凝土界面的剥离承载力与试验方法的关系问题进行了全面的归纳和评价。设计出了外贴 CFRP 板加固宽缺口混凝土梁和内嵌 CFRP 筋加固宽缺口混凝土梁黏结-滑移特性研究的改进试验装置。对外贴 CFRP 板加固宽缺口混凝土梁和内嵌 CFRP 筋加固宽缺口混凝土梁黏结-滑移特性进行了系统的研究。获得了外贴 CFRP 板加固宽缺口混凝土梁和内嵌 CFRP 筋加固宽缺口混凝土梁中 CFRP-混凝土界面剥离承载力的解析表达式。

5.2　CFRP 加固混凝土梁有关问题的分析与评价[247]

5.2.1　CFRP-混凝土界面黏结-滑移本构关系试验问题

如前所述,无论是内嵌 CFRP 板条还是内嵌 CFRP 筋加固的混凝土构件,其界面黏结-滑移本构关系的试验研究方法都无外乎是直接拉拔试验或弯曲拉拔试验。在直接拉拔试验和弯曲拉拔试验中,CFRP 的受力均与实际工程加固中的受力存在差异。

在直接拉拔试验中,无论是单剪和双剪试验,在受力形式上,CFRP 的拉力方向与 CFRP-混凝土界面平行,界面的破坏属于纯剪切破坏,而在实际工程应用中,CFRP-混凝土界面的受力状态并非纯剪切状态,通常是带有界面正应力的复合受力状态;在嵌入方式上(图 5-1),开槽方式有表面开槽[图 5-1(a)、(b)]和中心钻孔式开槽[图 5-1(c)、(d)],而开槽的长度又有局部和穿透式两种。表面局部开槽对应于混凝土构件的表面开槽嵌入式加固,表面穿透式开槽

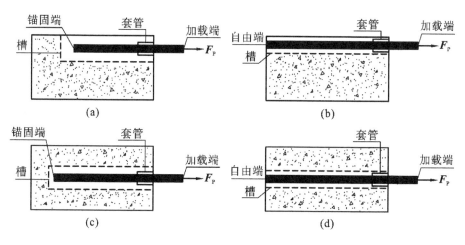

图 5-1 嵌入单剪试验嵌入方式示意

(a)开槽式；(b)穿透式开槽；(c)钻孔式开槽；(d)钻孔穿透式开槽

对应于混凝土构件嵌入式加固且加固材料通过混凝土构件伸入构件端部的柱子中，柱子和支座对加固材料有一定的嵌固作用；中心钻孔嵌入式对应于混凝土表面植筋加固和岩土工程的锚固，并不对应于混凝土构件的表面开槽嵌入式加固；在 CFRP 板和界面滑移的量测上，无论是单剪还是双剪试验，CFRP 板的拉伸变形是自由的，拉伸变形的大小只受拉伸试验机加载夹具行程的限制，界面的滑移量也是没有限定的，在界面破坏后还有可能产生 CFRP 板和混凝土间的刚体移动，而在实际工程中，在混凝土表层中嵌入 CFRP 板材或筋材的目的就是要使板材或筋材在混凝土中受拉。除混凝土表面植筋加固外，板材或筋材由于受外围握裹混凝土的约束其拉伸变形是不自由的，且板材或筋材的伸长变形会减小黏结-滑移界面的黏结剪应力，而黏结-滑移面的剪切滑移又会反过来减小板材或筋材中的拉应力，板材或筋材中的拉应力的减小又会使其拉伸变形缩小而再次增加黏结-滑移面的黏结剪应力和界面的滑移量。这样如此反复，最终达到板材或筋材中力、变形、界面黏结剪应力、界面的滑移量的平衡和协调。

　　在弯曲拉拔试验中[图 1-1(c)、(d)],将外贴改为嵌入即可完成内嵌 CFRP 加固混凝土梁的弯曲拉拔试验。梁式试验所采用的梁铰式试验构件,使受压区混凝土的合力和内力臂可以精确确定,从而可以计算出 CFRP 板或筋的内力,由微分关系推导界面黏结剪应力和界面黏结-滑移本构关系。图 1-1(c)所示的梁式试验对应于正弯矩区的粘贴加固,图 1-1(d)所示的修正梁式试验对应于负弯矩区的粘贴加固。而实际加固工程,外贴或内嵌在混凝土表面或表层中的 CFRP,随着构件承受荷载的加大,构件中原有的受拉钢筋、CFRP、混凝土中的应力相应增大,当混凝土中的应力增大到混凝土的抗拉强度 f_t 时,在构件混凝土 f_t 最薄弱的截面上将出现裂缝,在开裂截面混凝土"退出工作",拉力将全部由受拉钢筋和 CFRP 负担并产生拉力突变,开裂截面的两侧将产生相反的黏结剪应力,如果再出现新的裂缝,同样在裂缝的两侧将产生黏结应力,这种黏结应力称为局部黏结应力,其作用是使裂缝之间的混凝土参与受拉,裂缝的开展完全是由于受拉钢筋、CFRP 与混凝土的变形不协调,出现相对滑移开裂处混凝土回缩而产生的。沿构件长度方向钢筋应力、CFRP 应力发生变化,使裂缝两侧钢筋与混凝土、CFRP 与混凝土之间产生黏结应力和相对滑移,随着裂缝数量的不断加大,在构件上某一区段内的混凝土全部"退出工作",钢筋和 CFRP 中的拉应力分别为定值。由此看来,全部将 CFRP 外贴到混凝土上或嵌入混凝土中来进行梁式弯曲拉拔试验,其中 CFRP 的受力是不够明确的,有必要对梁式拉拔试验进行改进。

5.2.2　CFRP-混凝土界面黏结-滑移本构关系模型问题

（1）介质和界面的界定

嵌入 CFRP 加固混凝土梁中,CFRP 的形状有板条形（Btrip）、矩形或方形筋（Bar）、光面圆形筋（Round Bar）和变形筋（Deformation Bar），不同的断面形状具有不同的优点并为现场的使用提供不同的方便，在槽断面相同的情况下，方形截面筋能增大面积比例，圆形截面筋能很方便地对其施加预应力，而板条状的筋材在一定体积容量情况下，能加大表面积和断面积的比值从而减小剥离风险。嵌入式加固中 CFRP 在混凝土中的嵌入方式有 6 种（图 1-5）。其中参与工作的介质有混凝土基材、槽中环氧树脂类胶粘剂、CFRP，细分的话，混凝土材料中又有粗骨料、细骨料和水泥石，环氧树脂又分为环氧基材和填料，CFRP 又可分为树脂基材和增强碳纤维。其宏观材料物理界面有 CFRP 与胶粘剂界面、混凝土与胶粘剂界面，细观界面有树脂内聚体与碳纤维界面、环氧树脂与填料界面、混凝土骨料与水泥石界面，加固界面的破坏既有可能在宏观界面上发生，也有可能在细观界面上出现。所以界面的破坏模式就应有 CFRP 内部纤维的断裂或胶体的开裂、CFRP 与胶粘剂内聚体界面的剪切破坏、胶粘剂内聚体本身的剪切拉裂、胶粘剂内聚体与混凝土界面的剪切破坏及混凝土内部的剥离破坏。概括起来就是三种介质、两个材料界面和五个可能的破坏界面。

（2）界面黏结剪应力的获取方法

面内剪切试验通过以下两种方法获得界面黏结-滑移本构关系。

一是把应变片粘贴在 FRP 板上，量测 FRP 板上各测点的轴向应变分布 ε_f，通过差分方程 $\tau = \dfrac{E_f t_f \mathrm{d}\varepsilon_f}{\mathrm{d}x}$ 得到 FRP-混凝土局部黏结剪应力 τ；界面局部滑移 s 可以通过从自由端开始沿 FRP 板对 FRP 应变按 $s = \displaystyle\int \varepsilon_f \mathrm{d}x$ 积分得到。虽然该方法理论上简单，但在计算中会遇到许多困难。首先，由于应变片自身尺度的限制，应变片测点布置不可能太密，因而由差分 $\mathrm{d}\varepsilon_f/\mathrm{d}x$ 得到的界面黏结剪应力的误差会较大。其次,在内嵌 CFRP 加固混凝土梁中,CFRP 板条或筋材受到胶粘剂内聚体的包裹,外贴在 CFRP 表面的应变片,不仅受到胶粘剂内聚体的挤压正应力的挤压,而且还受到胶体摩擦作用的干扰,其应变的量测是存在误差的。张海霞[248]为考察不同位置变化的 GFRP 筋与混凝土的黏结性能,将 GFRP 筋先铣去一半,将留下的一半在铣床上精密加工出 2mm×4mm 的凹槽,在凹槽内粘贴 1mm×1mm 的应变片,然后将两个半片的 GFRP 筋进行粘贴合拢,应变片的导线由 GFRP 筋自由端引出,以精确测得 GFRP 筋的应变分布,排除胶体正应力和摩擦力的干扰,取得了良好的效果。最后,因混凝土的裂缝及其组分材料的分布是随机的,极大影响了 FRP 应变的精确量测,倘若某一界面裂缝正好在应变片标距内出现,则所测裂缝处 FRP 的应变将比邻近位置 FRP 的应变大;若应变片正好粘贴于大块粗骨料上,则在此处的应变计所测得的应变将比正常的应变小,对参数完全相同的试件进行量测所得到的局部黏结-滑移本构关系也会出现较大差异。因此,由试验量测 FRP 应变要获得可靠的界面局部黏结-滑移本构关系还很难。

二是依据试验量测标定 FRP 加载端荷载-位移关系曲线进而推演界面黏结-滑移关系模型。但在黏结-滑移本构模型与荷载-位移曲线之间建立的对应关系不稳定,相似的荷载-位移曲线可以导出不同的局部黏结-滑移本构模型。所以,要获得 FRP-混凝土界面之间黏结-滑移精确的本构模型用常规试验方法还难以实现。

(3) 界面滑移量的组成及刚体滑移

内嵌在混凝土中的 CFRP 及胶粘剂和混凝土在拉拔力的作用下界面滑移量如图 5-2 所示。在加载端 AA' 断面往外力作用方向的位移包括 AC 段的应力伸长、厚度为 t_a 胶层的剪切变形、槽边混凝土在表面受到局部剪切应力情况下的剪切变形。在界面 BD 上,界面没有发生破坏之前,胶粘剂和混凝土的局部剪切应力应是相同

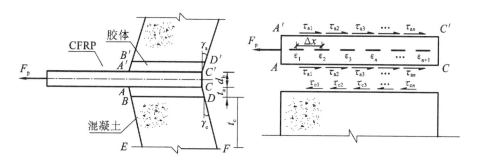

图 5-2　滑移量的说明示意

的,即 $\tau_a = \tau_c$,而 $\tau_a = \gamma_a \cdot G_a$, $\tau_c = \gamma_c \cdot G_c$,则有:

$$\gamma_a \cdot G_a = \gamma_c \cdot G_c \tag{5-1}$$

其中, γ_a 、 γ_c 分别为界面上某点胶粘剂和混凝土的剪切应变; G_a 、 G_c 分别为胶粘剂内聚体和混凝土的剪切模量。一般情况下, C30 混凝土的弹性模量可取 $E_c = 3.0 \times 10^4 \, \text{N/mm}^2$, $G_c = 0.4 E_c = 1.2 \times 10^4 \, \text{N/mm}^2$, $E_a = 3.7 \times 10^3 \, \text{N/mm}^2$ (厂家提供),可以近似地取[167] $G_a = 1.6 \times 10^3 \, \text{N/mm}^2$,则代入式(5-1)有 $\gamma_a = 7.5 \gamma_c$ 。也就是说,在同样的剪切应力作用下,胶粘剂内聚体的剪切应变是混凝土剪切应变的 7.5 倍。

前述试验已经指出,外贴 CFRP 板情况下,CFRP 板的厚度为 1.4mm,胶粘剂厚度 t_a 取 2mm,而混凝土受到表面剪切力作用时,产生界面剪切滑移量的等效混凝土层厚度 t_c (图 5-2)一般取 5mm[249],所以胶粘剂的剪切变形量为 $\Delta t_a = \gamma_a \times 2 = 7.5 \gamma_c \times 2 = 15 \gamma_c$;而混凝土的剪切变形量为 $\Delta t_c = \gamma_c \times 5 = 5 \gamma_c$ 。也就是说,在外贴 CFRP 加固混凝土梁的情况下,厚度为 2mm 的胶粘剂内聚体的剪切变形量是界面内侧混凝土剪切变形的 3 倍。而在内嵌 CFRP 筋材的情况下,混凝土梁上开的槽方形截面 20mm×20mm(图 2-3), CFRP 筋为 ϕ 8mm,则 $t_a = (20-8)/2 = 6 \text{mm}$,则胶粘剂内聚体的剪切变形 $\Delta t_a = 6 \gamma_a = 45 \gamma_c$,而混凝土的剪切变形量 $\Delta t_c = \gamma_c \times 5 = 5 \gamma_c$; 也就是说,在内嵌 CFRP 筋材加固混凝土梁的情况下,厚度为 6mm

的胶粘剂内聚体的剪切变形是界面外侧混凝土剪切变形的 9 倍,即混凝土的剪切变形引起的界面剪切滑移量只占界面总剪切滑移量的 10%。

　　若界面 $B'D'$、$A'C'$、AC 和 BD 任意界面发生剪切破坏,CFRP 都会发生刚体位移,这已不是滑移量的范畴。如图 5-2 所示,通过量测 CFRP 上 n 个测点上的应变值 ε_1,ε_2,$\cdots$,ε_n 的大小,并由 $\tau=\dfrac{E_f t_f \Delta \varepsilon_f}{\Delta x}$ 求得界面局部黏结剪应力,进而由 $S=\displaystyle\int \varepsilon_f \mathrm{d}x$ 沿 CFRP 有效黏结长度积分,得到的局部黏结剪应力是离散的,所谓的滑移量只是 CFRP 板或筋材的受拉伸长变形,按 τ-s 得到的曲线应该叫作黏结-伸长曲线而非黏结-滑移曲线。实际上,外加的力 F_p 与 CFRP 受到的剪切力(应力)是平衡的,而 CFRP 的伸长在沿 CFRP 有效长度内是不均匀的,每个局部伸长的多少与该局部所受到的剪应力相适应。

　　(4)界面黏结-滑移本构关系参数分析及适应性

　　对于外贴 CFRP 加固混凝土梁来说,从前述的 6 个黏结-滑移本构关系看,所涉及的参数有材料的几何参数、力学特性参数及测试参数和导出参数。其中几何参数包括 CFRP 板的宽度 b_p 和厚度 t_p,混凝土被黏结面的宽度 b_c 及其等效层厚 t_c,胶粘剂内聚体的厚度 t_a,材料力学特性参数包括基体混凝土的抗拉强度 f_t、圆柱体抗压强度 f_c'、弹性模量 E_c 及剪切模量 G_c,胶粘剂内聚体的弹性模量 E_a 和剪切模量 G_a,CFRP 板的弹性模量 E_p 和剪切模量 G_p 及导出参数界面的最大黏结剪应力 τ_{max} 及与最大黏结剪应力 τ_{max} 相对应的界面滑移量 s。从以上所列参数看,除了外贴胶粘剂内聚体的抗剪切强度 τ_a 和 CFRP 板的抗拉强度 f_{pt} 外,其余参数都用到了,没有用到 τ_a 和 f_{pt} 的原因有:曲线中表面受到剪应力时,混凝土的等效层厚度 t_c 发生的剪切变形也和 t_a 的变形一样属刚体位移。另外,在求取界面剥离承载力时,尽管可能破坏的局部界面有 5 个,但 CFRP 板拉断的破坏模式几乎不曾发生,在 CFRP 板被拉断之前,其他 4 个可能破坏的界面有 1 个破坏即可求得界面剥离承载力;反之,可以认为,6 个黏结-滑移本构关系模型是不能描述 CFRP 被拉断的破坏模式的。

对于内嵌 CFRP 加固混凝土梁的加固方式来说,前述的本构模型有 5 个,即 BPE 模型、改进的 BPE 模型、Malvar 模型、CMR 模型和连续曲线模型,所涉及的参数只有混凝土的抗拉强度 f_t 以及多个由各种筋材得到的实验常数,导出参数同样有峰值黏结应力 τ_{max} 及其相应的滑移量 S_{max},其特点在于 Malvar 模型引入了轴对称侧限径向压力 σ。BPE 模型、改进的 BPE 模型和连续曲线模型实质上是一个模型,改进的 BPE 模型在 BPE 模型基础上,去掉了 BPE 模型的水平段,实际上 BPE 模型的水平段的物理意义在于滑移量(实际上是 FRP 的伸长量)从 s_1 增加到 s_2;而黏结剪应力 τ 保持不变,这对应于 FRP 的屈服流动阶段。而 FRP 材料在受力后是脆性破坏,要么脆性断裂,要么继续承载。所以将 BPE 模型的水平段除掉是合乎现实情况的,连续曲线模型分析了前 4 个模型的优点和不足,它是在考虑模型满足物理概念明确、光滑连续的要求下提出的,并用试验进行了验证。

除了多个由试验得到的经验常数外,内嵌 FRP 加固混凝土梁的滑移本构模型没有涉及几何参数。事实上,内嵌情况下,若为内嵌 FRP 筋材,Lorenzis L. D.[250]建议 $b_g/d_b=1.5\sim2.0$(图 1-5),上限对应变形筋,小值对应光面筋。若内嵌 FRP 棒条,Parretti 和 Nanni[251]建议槽的深和宽应比板条的高度和厚度至少大 3mm 或槽的宽度不小于 3 倍的板条厚度,槽的深度不小于 1.5 倍板条的高度 h_p。在这些经验构造参数的圈定下,FRP 板或筋被外围的胶粘剂内聚体所包围,FRP 板的宽度或 FRP 筋的环径向周长和外围胶粘剂内聚体的界面黏结表面积比为 1∶1,在胶粘剂与混凝土的界面上胶粘剂内聚体的黏结表面积与混凝土的黏结表面积也是相等的。所以在对槽的尺寸做一定构造要求的情况下,模型中不出现槽、胶粘剂及混凝土等的几何参数也是正常的。

几个模型中,所涉及的材料力学特性只有混凝土的抗拉强度 f_t,这与实际情况是有差异的。事实上,基体混凝土的弹性模量 E_c 及剪切模量 G_c,胶粘剂内聚体的弹性模量 E_a 和剪切模量 G_a,CFRP 板的弹性模量 E_p 和剪切模量 G_p 等均会影响界面的力学特性。但在一定范围内,不会影响导出参数包括界面黏结最大剪应力 τ_{max} 及与最大剪应力 τ_{max} 相对应的界面滑移量(伸长量) s。

5.2.3　CFRP-混凝土界面的剥离承载力问题[252]

承载力与试验方法的关系分析。内嵌 CFRP 与混凝土可靠的黏结是保证两种材料共同工作的基础和关键。因此,建立正确的界面剥离承载力模型,深入研究内嵌 CFRP 加固混凝土结构的设计计算理论非常重要。在研究内嵌 CFRP 加固混凝土梁时发现:第一,在求取界面黏结-滑移曲线时,用到的只是 CFRP 板与胶粘剂界面的离散的剪切应力(当然也可以认为胶粘剂与混凝土界面之间的剪切应力与此应力相等),而检测滑移量用的是 CFRP 板上多个应变片应变差而求得的 CFRP 板材的受拉伸长变形。第二,厚度为 t_a 的胶粘剂内聚体的抗剪能力的大小及在双侧界面双剪力作用下产生的剪切变形,引起了 CFRP 与混凝土基体的相对位移。从外观上看,是 CFRP 板的刚体位移,胶粘剂内聚体的剪切变形不计入黏结-滑移,剪应力是 CFRP-混凝土界面的黏结应力的主体,由内嵌加固试验获取界面的剥离承载力一般比较方便。前期的少许研究表明,界面黏结性能和剥离承载力的主要影响参数有混凝土强度、CFRP 的黏结锚固长度、CFRP 筋材刚度、胶层的有关特性等,界面剥离破坏往往是在毗邻界面的混凝土中发生。因此,混凝土强度将显著影响界面黏结性能与剥离承载力,很多研究者发现混凝土强度主导界面破坏性能;同时 CFRP 筋材黏结长度将明显影响界面极限剥离承载力,当黏结长度较有效锚固长度 L_e 小时,界面剥离承载力随黏结长度加长而增加。研究表明,CFRP 筋材的抗弯刚度越大,界面黏结剪应力在界面上的分布就越均匀,使界面的有效锚固长度 L_e 得以增大,同时削减加载端附近界面黏结应力集中程度;在内嵌 CFRP 试验中,胶层的受力状态接近纯剪应力状态(图 5-2),且环氧树脂经改性后制作的结构胶其抗拉强度远比混凝土的抗拉强度高,所以,剪应力状态下结构胶本身不会明显影响界面的黏结性能。

在单剪试验中(图 1-6、图 5-1),通过简单的破坏试验即可得到界面的剥离承载力,而在双剪试验中,通过试验得到的只是承载力较小的一端的界面的剥离承载力;在梁式弯曲拉拔试验中(图 1-7),界面的剥离承载力一是难以直接得到,二是涉及混凝土的总抗压强度、梁内主筋的抗拉强度及界面的抗剥离承载力大小关系问题。若界面的抗剥离承载力大于混凝土的总抗压强度及主筋的抗拉强度,可以通过换算得到界面的抗剥离承载力;否则,试验得不到界面的抗剥离承载力,在界面屈服之前,混凝土已压坏或钢筋已屈服。

如前所述,内嵌 FRP 加固混凝土梁界面黏结性能试验中所出现的破坏模式有下述 5 种:FRP 与外围胶粘剂黏结牢固,FRP 被拉断;胶粘剂与 FRP 界面抗剪切强度不足,FRP 与黏结材料之间界面破坏,FRP 被拔出;胶粘剂内聚体抗剪切强度不够,胶粘剂内聚体发生剪切劈裂;混凝土剪拉劈裂破坏;胶粘剂内聚体-混凝土之间界面破坏。在计算加固构件极限承载力时,黏结破坏的部位不同,CFRP 板条上总内力取值不同:破坏模式为 CFRP 板条拔出,CFRP 承受的总内力应为 CFRP 板条-胶粘剂之间界面最大剪应力;破坏模式为胶粘剂内聚体剪切劈裂,CFRP 承受的拉力为胶粘剂内聚体的抗剪强度;破坏模式为胶粘剂内聚体与混凝土之间界面劈裂,则 CFRP 总内力取胶粘剂与混凝土界面之间的抗剪切强度;破坏模式为槽边混凝土劈裂,CFRP 承受的总内力应取混凝土抗剪强度。

5.3   内嵌 CFRP 筋加固宽缺口混凝土梁黏结-滑移特性研究

5.3.1   CFRP 筋-混凝土界面黏结-滑移本构关系改进试验

与钢筋混凝土类似,FRP 筋与混凝土之间的黏结力主要由机械咬合力、摩擦力和化学吸附力组成;FRP 筋的抗剪能力、表面硬度均较钢筋小,因此,在界面发生滑移破坏时,其主要特征是 FRP 筋表面肋被削弱、剥离或剪切破坏;而普通 FRP 变形筋加固的混凝土受弯构件,初始阶段 FRP 筋的受力主要靠化学吸附力起作用,界面出现滑移后化学吸附力的作用减弱,抗拔承载主要由摩擦力与变形肋的机械咬合力来承担,界面黏结剪切应力达到最大值后,变形肋与混凝土的机械咬合力会逐渐衰减直至消失,滑移使混凝土与 FRP 筋的摩擦力随之衰减且握裹力也逐渐降低。

但是,由于 FRP 筋与钢筋二者的力学性能存在差异,它们与混凝土之间的黏结机理也有所不同,这会使 FRP 筋混凝土界面的黏结-滑移本构关系和钢筋混凝土界面的黏结-滑移本构关系出现差异。

王勃等[253]用强度分别为 C20、C30、C40 的 150mm×150mm×150mm 的立方体混凝土块,在中心处预留孔洞,然后分别嵌入直径为 d_a 的 FRP 筋材,并在加载端放置长 $5d_a$ 塑料套管,以将 FRP 筋与混凝土隔开,消除加载端混凝土附近应力对黏结性能的影响。研究表明:当 FRP 筋在混凝土中的有效黏结长度为 $5d_a$ 时,界面的破坏模式为 FRP 筋被拔出;当 FRP 筋的有效黏结长度为 $10d_a$ 时,界面发生混凝土劈裂破坏,劈裂裂缝位于混凝土试件截面中心;当 FRP 筋的有效黏结长度达到 $20d_a$ 时,FRP 筋也不会被拔出,混凝土也不会劈裂,而是 FRP 筋被拉断。王勃等[253]并没有就 FRP-混凝土界面的黏结-滑移本构关系做出论述。张海霞[254]通过将 84 个边长为 15cm 的立方体试件分别置入 GFRP 筋(76 个试件)和 CFRP 筋(8 个试件)，得到了平均黏结应力和平均相对滑移时的界面黏结-滑移本构关系：

$$\left.\begin{array}{l} \dfrac{\tau}{\tau_u}=2\,\dfrac{s}{s_u}-\left(\dfrac{s}{s_u}\right)^2 \quad (0<s<s_u) \\[3mm] \tau=\dfrac{s}{p_1 s-p_2} \quad (s_u<s<s_r) \\[3mm] p_1=\dfrac{s_u\tau_r-s_r\tau_u}{\tau_u\tau_r(s_u-s_r)}, \quad p_2=\dfrac{\tau_r-\tau_u}{s_u-s_r}\dfrac{s_u s_r}{\tau_r\tau_u} \end{array}\right\} \quad (5\text{-}2)$$

其中，τ_u、s_u 分别为黏结应力峰值及相应的滑移值；τ_r、s_r 分别为残余黏结应力及其对应的滑移值。值得注意的是，张海霞在 FRP 加载端混凝土块中并没有置入一定长度的塑料套管；杨勇[255] 首先完成 4 组 12 个试件的碳纤维筋(加载端也有环氧树脂套筒)嵌入混凝土立方块拔出试验，对环氧树脂胶和环氧砂浆等 4 种不同类型的黏结剂进行了对比研究，进而完成了 11 个表面内嵌碳纤维筋加固的悬臂梁试验，悬臂梁的加载方式如图 1-7(a)所示。研究表明，拔出试验中，加载端的荷载-滑移曲线和通常的黏结-滑移曲线类似，得到了黏结界面的平均黏结强度，悬臂梁试验中还考察了加固梁的裂缝开展、破坏形态和碳纤维筋的应变发展情况。

李荣[256] 为防止所粘贴的应变片影响界面的黏结性能，采用两块 CFRP 板条叠合为一个试件，将应变片夹于两个板条之间，对 CFRP 板条嵌入混凝土试块的界面进行了单剪试验，实测 CFRP 板条的应变分布，得到沿黏结长度界面黏结应力的分布及黏结长度对界面黏结性能的影响情况，并通过计算分析，对局部黏结-滑移本构关系进行了初步探讨。

从以上试验可以看出，简单的 FRP 筋拔出试验，肯定能得到置入混凝土块体中 FRP 筋-混凝土界面的抗拔出承载力，其埋入的长度越大，宏观承载力越大。但正是由于承载力的加大，界面破坏部位发生了变化，FRP 在混凝土中埋入太浅，FRP 与胶粘剂界面或混凝土与胶粘剂界面的总抗剪能力不敌沿 FRP 筋长度方向混凝土的抗剪能力,会出现 FRP 筋被拔出的现象。如果增大 FRP 筋与胶粘剂界面和胶粘剂与混凝土界面的总抗剪能力,则会在槽孔外围出现混凝土劈裂现象。随着 FRP 筋埋入混凝土深度的进一步加大,界面的抗剪能力大于 FRP 筋的抗拉断力,FRP 筋就会被拉断,从这一点看,FRP 筋加载端混凝土中置入塑料套管是必须的,这样既增大了混凝土的整体抗剪切面积,又克服了孔洞的边界效应。简单的拉拔试验和相对复杂的弯拉试验都能得到相对简单的界面黏结-滑移本构关系,从式(5-2)上看,黏结-滑移本构关系似乎与界面的几何参数、构成多界面的材料特性参数没有太大关系。CFRP 筋和混凝土有效黏结,是保证 CFRP 筋与混凝土这两种力学性能截然不同的材料在结构中共同工作的基本前提,黏结包含了胶粘剂内聚体对 CFRP 筋的黏着力、CFRP 筋与混凝土之间的摩擦力、CFRP 筋表面凹凸不平与混凝土的机械咬合作用力。

如前所述,无论是内嵌 CFRP 板条还是内嵌 CFRP 筋材加固的混凝土构件,其界面黏结-滑移本构关系的试验研究方法都无外乎是直接拉拔试验(图 1-6)或弯曲拉拔试验(图 1-7)。直接拉拔试验和弯曲拉拔试验中,CFRP 的受力均与实际工程加固中的受力存在差异。

在直接拉拔试验中,无论是单剪还是双剪试验,在受力形式上,CFRP 的拉力方向与 CFRP-混凝土界面平行,界面的破坏属于纯剪切破坏;而在实际工程应用中,CFRP-混凝土界面的受力状态并非纯剪切状态,通常是带有界面正应力的复合受力状态。在嵌入方式上,开槽方式有表面开槽和中心钻孔式开槽,而开槽的长度又有局部和穿透式两种。表面局部开槽对应于混凝土构件的表面开槽嵌入式加固,表面穿透式开槽对应于混凝土构件嵌入式加固且加固材料通过混凝土构件伸入构件端部的柱子中,柱子和支座对加固材料有一定的嵌固作用;中心钻孔嵌入式对应于混凝土表面植筋加固和岩土工程的锚固,并不对应于混凝土构件的表面开槽嵌入式加固。在 CFRP 板和界面滑移的量测上,无论是单剪还是双剪试验,CFRP 板的拉伸变形是自由的,拉伸变形的大小只受拉伸试验机加载夹具行程的限制,界面的滑移量也是没有限定的;在界面破坏后还有可能产生 CFRP 板和混凝土间的刚体移动。而在工程实际中,在混凝土表层中嵌入 CFRP 板材或筋材的目的就是要使板材或筋材在混凝土中受拉,除混凝土表面植筋加固外,板材或筋材由于受外围握裹混凝土的约束,其拉伸变形是不自由的,且板材或筋材的伸长变形会减小黏结-滑移界面的黏结剪应力,而黏结-滑移面的剪切滑移又会反过来减小板材或筋材中的拉应力,板材或筋材中的拉应力的减少又会使其拉伸变形缩小而再次增加黏结-滑移面的黏结剪应力和界面的滑移量。如此反复,最终达到板材或筋材中力、变形、界面剪应力、界面的滑移量的平衡和协调。

在弯曲拉拔试验中,梁铰式试验构件使受压区混凝土的合力和内力臂可以精确确定,从而可以计算出 CFRP 板或筋的内力,由微分关系推导界面黏结剪应力和界面黏结-滑移本构关系。而实际加固工程,外贴或内嵌在混凝土表面或表层中的 CFRP,随着构件承受荷载的加大,构件中原有的受拉钢筋、CFRP、混凝土中的应力相应增大。当混凝土中的应力增大到混凝土的抗拉强度时,在构件混凝土最薄弱的截面上将出现裂缝,在开裂截面混凝土"退出工作",拉力将全部由受拉钢筋和 CFRP 负担并产生拉力突变,开裂截面的两侧将产生相反的黏结剪应力,如果再出现新的裂缝,同样在裂缝的两侧将产生黏结应力,这种黏结应力称为局部黏结应力,其作用是使裂缝之间的混凝土参与受拉,裂缝的开展完全是由于受拉钢筋、CFRP 与混凝土的变形不协调、出现相对滑移开裂处混凝土回缩而产生的。沿构件长度方向钢筋应力、CFRP 应力发生变化,使裂缝两侧钢筋与混凝土、CFRP 与混凝土之间产生黏结应力和相对滑移,随裂缝数量的不断加大,在构件上某一区段内的混凝土全部"退出工作",钢筋和 CFRP 中的拉应力均为定值。由此看来,全部将 CFRP 外贴到混凝土上或嵌入混凝土中进行梁式弯曲拉拔试验,CFRP 的受力是不够明确的,有必要对梁式拉拔试验进行改进。

鉴于以上所述,作者在总结前人试验研究方法的基础上,设计了如图 5-3 所示的内嵌 CFRP 筋加固混凝土梁的试验,并尝试对 CFRP 筋-混凝土界面黏结-滑移本构关系进行了研究。梁的尺寸和配筋均与前述混凝土梁一样(图 2-1),用四点弯试验来研究 CFRP 筋-混凝土界面的黏结-滑移曲线本构关系。为明晰 CFRP 筋的受力大小,将梁中段沿梁全宽掏空,其深度与开槽同深,此段长为 $l_0 =$ 600mm。按吴以莉[257]等的研究成果,梁式弯曲拉拔试验中 CFRP 板条的最优锚固长度取 750mm,所以图 5-3 中 $l_1 = 1000$mm,CFRP 筋的实际长度为 2600mm。在试验时,中间段外露,便于对 CFRP 筋的受力大小进行量测,CFRP 筋在混凝土中伸过两端支座,以增加两端的嵌固作用。双加载点的间距为 700mm,这样 $AA'B'B$ 和 $DD'C'C$ 区域从外观上看均处在纯弯段(相当于拔出试验中的套管段),加固梁加载初期不会受到剪切裂缝的影响,克服了边界的应力集中。在梁的两端 l_1 部分的 CFRP 筋上密集粘贴应变片,以量测 CFRP 筋中应力大小沿其长度方向的分布情况,同时计算 CFRP 筋与混凝土界面的相对滑移量,导出界面的黏结-滑移本构关系。

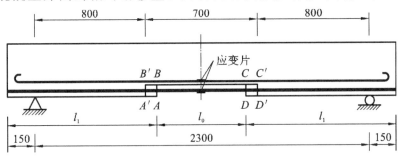

图 5-3　改进内嵌 CFRP 筋加固混凝土梁示意

5.3.2 CFRP 筋-混凝土界面黏结-滑移本构关系模型

加固梁在加载过程中,设某一时刻,CFRP 筋中的应变为 ε_{bf},则此时 CFRP 筋中的应力 $\sigma_{bf} = E_{bf} \cdot \varepsilon_{bf}$,CFRP 筋中的总拔力为 $F_{bp} = \sigma_{bf} \cdot A_b$($A_b$ 为 CFRP 筋的有效截面面积)。假设 CFRP 筋在 l_0 段受力是均匀的,则 l_0 段的伸长 $\Delta l_0 = \dfrac{\sigma_b l_0}{E_{bf}} = \varepsilon_{bf} l_0$,这个伸长量在 A 点和 D 点各向支座端移动 $\Delta l_0/2$。而对于受到 F_{bp} 外力的 l_1 段来说,相当于混凝土块体中填入 CFRP 筋做简单拉伸试验。在 F_{Fp} 的作用下,加载端起始截面 AB 截面或 CD 截面向梁中心点产生滑移,此滑移包括 l_1 段 CFRP 筋与 F_{Fp} 平衡的筋材表面剪应力作用下的各局部不均匀伸长的累计和、槽内胶粘剂内聚体的剪切变形及胶粘剂与混凝土界面上混凝土表面受到不均匀剪力而产生的剪切变形。CFRP 筋横截面中心与边缘的变形有一定差异,这导致 CFRP 筋横截面正应力的非均匀分布。若忽略此剪切滞后现象,在弹性范围内,可以假定 l_1 段 CFRP 表面局部受剪力产生的伸长变形与将 CFRP 表面局部剪应力全部均摊到长度 l_1 上的假定均匀表面剪应力作用的伸长变形相等,则其均值剪应力为:

$$\tau_{ave} \cdot \pi d_{bf} l_1 = E_{bf} \varepsilon_{bf} \frac{\pi d_{bf}^2}{4} \tag{5-3}$$

则有

$$\tau_{ave} = \frac{E_{bf} \varepsilon_{bf} d_{bf}}{4 l_1} \tag{5-4}$$

l_1 段 CFRP 筋左端受到的力为:

$$\sigma_{bf} = E_{bf} \varepsilon_{bf} = E_{bf} K \varepsilon_s \tag{5-5}$$

其中,ε_s 为梁内主筋的拉伸应变;K 是在符合准平面假定情况下,CFRP 筋的应变 ε_{bf} 与钢筋应变 ε_s 的比值。而在 CD 截面的右侧 l_1 段上,我们已求得了沿 l_1 长度方向上 CFRP 筋表面所受的平均

剪应力 τ_{ave}。从 l_1 段中取出微段 $\mathrm{d}x$，如图 5-4 所示。

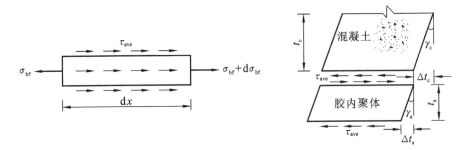

图 5-4   CFRP 筋微段的受力

由水平方向上力的平衡可得：

$$(\sigma_{\mathrm{bf}}+\mathrm{d}\sigma_{\mathrm{bf}})\frac{\pi d_{\mathrm{bf}}^2}{4}+\tau_{\mathrm{ave}}\cdot\pi d_{\mathrm{bf}}\mathrm{d}x=\sigma_{\mathrm{bf}}\frac{\pi d_{\mathrm{bf}}^2}{4}$$

则有：

$$\frac{\mathrm{d}\sigma_{\mathrm{bf}}}{\mathrm{d}x}=-\frac{4\tau_{\mathrm{ave}}}{d_{\mathrm{bf}}} \tag{5-6}$$

在力的作用下，$\mathrm{d}x$ 微段的伸长 $\Delta\mathrm{d}x=\dfrac{\sigma_{\mathrm{bf}}\mathrm{d}x}{E_{\mathrm{bf}}}$，长度 l_1 段的伸长

$$\Delta l_1=\int_0^{l_1}\frac{\sigma_{\mathrm{bf}}}{E_{\mathrm{bf}}}\mathrm{d}x=-\frac{4\tau_{\mathrm{ave}}}{d_{\mathrm{bf}}E_{\mathrm{bf}}}\int_0^{l_1}x\mathrm{d}x \tag{5-7}$$

积分得到：

$$\Delta l_1=-\frac{2\tau_{\mathrm{ave}}l_1^2}{d_{\mathrm{bf}}E_{\mathrm{bf}}}\quad(\text{方向向右}) \tag{5-8}$$

再求 l_1 段胶粘剂内聚体与混凝土的剪切变形。在 l_1 段内，胶粘剂内聚体双面受到 τ_{ave} 剪切应力的作用（图 5-4），混凝土在与胶粘剂的界面上表面受到 τ_{ave} 的作用，则有：

$$\left.\begin{array}{l}\Delta t_{\mathrm{a}}=\gamma_{\mathrm{a}}t_{\mathrm{a}}=\dfrac{\tau_{\mathrm{ave}}}{G_{\mathrm{a}}}t_{\mathrm{a}}\\[3mm]\Delta t_{\mathrm{c}}=\gamma_{\mathrm{c}}t_{\mathrm{c}}=\dfrac{\tau_{\mathrm{ave}}}{G_{\mathrm{c}}}t_{\mathrm{c}}\end{array}\right\} \tag{5-9}$$

式(5-9)所表示的剪切变形在 CD 截面上的移动也均是向右的,所以此两项可以叠加,则有:

$$\Delta t_{ac} = \Delta t_a + \Delta t_c = \frac{\tau_{ave}}{G_a} t_a + \frac{\tau_{ave}}{G_c} t_c \tag{5-10}$$

将 $\frac{\Delta l_0}{2}$ 与式(5-8)和式(5-10)的值求代数和得:

$$\Delta_{CD} = \frac{\varepsilon_{bf} l_0}{2} + \frac{2\tau_{ave} l_1^2}{d_{bf} E_{bf}} - \left(\frac{\tau_{ave}}{G_a} t_a + \frac{\tau_{ave}}{G_c} t_c \right) \tag{5-11}$$

即可得到 CD 截面的滑移量,在测量 ε_{bf} 的同时,若通过外置精密位移计测得 CD 截面相对于梁体混凝土某点的滑移量,即可求得 l_1 段沿线的平均剪应力,并由此可绘制不同外荷载作用下 τ_{ave} 随外荷载的变化的特征曲线。式(5-11)经变换可得到:

$$\tau_{ave} = \frac{\dfrac{\varepsilon_{bf} l_0}{2} - \Delta_{CD}}{\dfrac{2 l_1^2}{E_{bf} t_b} + \dfrac{t_a}{G_a} + \dfrac{t_c}{G_c}} \tag{5-12}$$

如图 5-3 所示,CFRP 筋在梁中段外露,在其上直接外贴应变片即可测得筋内应变随组合加固梁所受的外力变化的情况,进而由式(5-4)求得 CFRP 筋嵌填段表面平均剪应力 τ_{ave}。表 5-1、表 5-2 给出了 CFRP 筋的应变 τ_{ave} 随荷载的变化数据,由此两表绘制了曲线图,如图 5-5 所示。

表 5-1　内嵌 CFRP 筋应变及表面平均剪应力(一)

荷载 (kN)	NSM11		NSM12		NSM13		NSM14	
	ε_{bf} $(\times 10^{-6})$	τ_{ave} (N/mm^2)	ε_{bf} $(\times 10^{-6})$	τ_{ave} (N/mm^2)	ε_{bf} $(\times 10^{-6})$	τ_{ave} (N/mm^2)	ε_{bf} $(\times 10^{-6})$	τ_{ave} (N/mm^2)
20	293	0.204	749	0.220	749	0.220	632	0.186
30	1207	0.355	1241	0.365	1159	0.341	1190	0.349

续表 5-1

荷载 (kN)	NSM11		NSM12		NSM13		NSM14	
	ε_{bf} ($\times 10^{-6}$)	τ_{ave} (N/mm²)	ε_{bf} ($\times 10^{-6}$)	τ_{ave} (N/mm²)	ε_{bf} ($\times 10^{-6}$)	τ_{ave} (N/mm²)	ε_{bf} ($\times 10^{-6}$)	τ_{ave} (N/mm²)
40	1616	0.475	1667	0.490	1488	0.437	1667	0.490
50	2010	0.591	2052	0.603	1833	0.539	2088	0.614
60	2409	0.708	2430	0.714	2199	0.647	2471	0.726
70	2759	0.811	2777	0.816	2532	0.744	2834	0.833
80	3151	0.926	3133	0.921	2904	0.854	3194	0.939
90	3535	1.039	3471	1.020	3476	1.022	3543	1.042
100	4046	1.311	3970	1.167	5139	1.511	4289	1.261
110	5589	1.643	5737	1.687	6590	1.937	5470	1.608
120	6884	2.024	7502	2.206	8356	2.457	7062	2.076
130	7568	2.225	8991	2.643	9178	2.698	8905	2.618
140	8994	2.644	9805	2.883	—	—	9895	2.909

表 5-2　内嵌 CFRP 筋应变及表面平均剪应力（二）

荷载 (kN)	NSM21		NSM22		NSM23		NSM24	
	ε_{bf} ($\times 10^{-6}$)	τ_{ave} (N/mm²)	ε_{bf} ($\times 10^{-6}$)	τ_{ave} (N/mm²)	ε_{bf} ($\times 10^{-6}$)	τ_{ave} (N/mm²)	ε_{bf} ($\times 10^{-6}$)	τ_{ave} (N/mm²)
20	715	0.210	616	0.181	765	0.225	484	0.142
30	1102	0.324	1051	0.309	1229	0.361	870	0.256
40	1456	0.428	1450	0.426	1640	0.482	1213	0.357
50	1776	0.522	1794	0.527	2009	0.591	1565	0.460
60	2085	0.613	2100	0.617	2367	0.696	1901	0.559

续表 5-2

荷载 (kN)	NSM21		NSM22		NSM23		NSM24	
	ε_{bf}	τ_{ave}	ε_{bf}	τ_{ave}	ε_{bf}	τ_{ave}	ε_{bf}	τ_{ave}
	$(\times 10^{-6})$	(N/mm^2)	$(\times 10^{-6})$	(N/mm^2)	$(\times 10^{-6})$	(N/mm^2)	$(\times 10^{-6})$	(N/mm^2)
70	2359	0.694	2396	0.704	2697	0.793	2205	0.648
80	2687	0.790	2720	0.800	2987	0.878	2503	0.736
90	2986	0.878	3026	0.890	3270	0.961	2800	0.823
100	3293	0.968	3335	0.980	3557	1.046	3089	0.908
110	3620	1.064	3627	1.066	4374	1.286	3383	0.995
120	4081	1.200	4590	1.349	5564	1.636	3722	1.094
130	5013	1.474	5341	1.570	6615	1.945	4888	1.437
140	5804	1.706	6017	1.769	7925	2.330	5763	1.694
150	6614	1.945	7326	2.154	8328	2.449	6316	1.857
160	7628	2.243	7816	2.298	—	—	7537	2.216
170	8326	2.448	8716	2.563	—	—	9182	2.406
180	9539	2.804	9927	2.919	—	—	8528	2.507

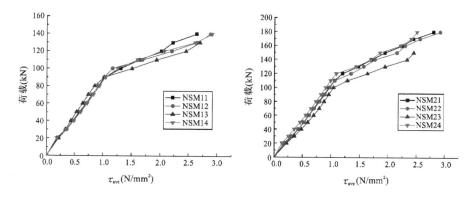

图 5-5 τ_{ave} 随外荷载变化曲线

表 5-3、表 5-4 列出了 NSM1 系列梁和 NSM2 系列梁 CD 截面的滑移量 Δ_{CD} 及由式(5-12)算得的 τ'_{ave} 值。Δ_{CD} 量测系统如图 5-6 所示。图 5-7 是由表 5-3、表 5-4 绘制的曲线图。

表 5-3 Δ_{CD} 及其相应的 τ'_{ave}（NSM1 系列梁）

荷载 (kN)	NSM11		NSM12		NSM13		NSM14	
	Δ_{CD} (mm)	τ'_{ave} (N/mm²)	Δ_{CD} (mm)	τ'_{ave} (N/mm²)	Δ_{CD} (mm)	τ'_{ave} (N/mm²)	Δ_{CD} (mm)	τ'_{ave} (N/mm²)
20	0.826	0.182	0.973	0.220	0.998	0.230	0.881	0.204
30	1.248	0.261	1.488	0.328	1.505	0.341	1.646	0.379
40	1.988	0.442	2.443	0.572	1.934	0.438	2.248	0.515
50	2.318	0.505	2.615	0.589	2.996	0.720	2.918	0.675
60	2.949	0.655	3.044	0.681	2.886	0.655	3.116	0.699
70	3.034	0.649	3.884	0.898	3.088	0.685	3.887	0.894
80	3.749	1.076	4.624	1.084	3.884	1.421	4.445	1.026
90	4.688	1.068	5.033	1.175	4.414	0.992	4.822	1.107
100	5.301	1.203	6.949	1.695	6.448	1.444	5.031	0.943
110	6.998	1.566	7.214	1.617	8.239	1.843	7.104	1.608
120	8.644	1.937	9.581	2.158	10.641	2.394	8.996	2.204
130	9.443	2.111	11.446	2.575	11.988	2.718	11.533	2.608
140	10.668	2.346	12.812	2.905	—	—	13.001	2.953

表 5-4 Δ_{CD} 及其相应的 τ'_{ave}（NSM2 系列梁）

荷载 (kN)	NSM21		NSM22		NSM23		NSM24	
	Δ_{CD} (mm)	τ'_{ave} (N/mm²)	Δ_{CD} (mm)	τ'_{ave} (N/mm²)	Δ_{CD} (mm)	τ'_{ave} (N/mm²)	Δ_{CD} (mm)	τ'_{ave} (N/mm²)
20	0.929	0.210	0.884	0.206	0.994	0.225	0.848	0.207

荷载 (kN)	NSM21		NSM22		NSM23		NSM24	
	Δ_{CD} (mm)	τ'_{ave} (N/mm²)	Δ_{CD} (mm)	τ'_{ave} (N/mm²)	Δ_{CD} (mm)	τ'_{ave} (N/mm²)	Δ_{CD} (mm)	τ'_{ave} (N/mm²)
30	1.468	0.335	1.338	0.301	1.596	0.361	1.145	0.260
40	1.899	0.430	2.410	0.581	2.130	0.482	1.601	0.364
50	1.801	0.373	2.604	0.626	2.812	0.650	2.338	0.550
60	2.709	0.613	3.091	0.724	3.116	0.708	2.414	0.542
70	3.184	0.729	3.616	0.853	3.608	0.824	2.912	0.662
80	3.496	0.792	3.986	0.933	3.998	0.913	3.328	0.759
90	3.664	0.815	3.998	0.909	4.328	0.985	3.838	0.882
100	4.302	0.956	4.403	1.002	4.886	1.124	4.181	0.958
110	4.812	1.097	4.631	1.043	5.668	1.282	4.629	1.064
120	5.440	1.241	5.331	1.164	7.441	1.699	6.188	1.493
130	6.188	1.379	6.821	1.536	8.591	1.945	6.926	1.607
140	7.706	1.756	7.664	1.725	10.211	2.306	7.468	1.689
150	8.884	2.031	8.621	1.891	11.114	2.536	8.118	1.832
160	9.998	2.269	9.928	2.232	—	—	9.993	2.276
170	11.004	2.504	10.828	2.418	—	—	10.838	2.468
180	12.884	2.950	12.943	2.933	—	—	12.001	2.780

如图 5-3 所示，CD 截面右侧，$DD'C'C$ 是预留非锚固段，其长度为 50mm，自 $D'C'$ 截面开始向右每隔 50mm 在 CFRP 筋上粘贴 15mm×3mm 的应变片 11 个，由此可测得 CFRP 筋上各局部点上

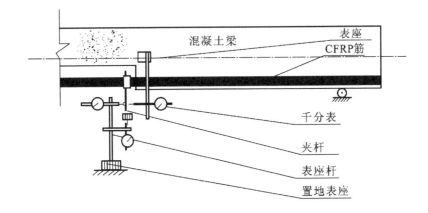

图 5-6 $\triangle_{CD}$量测系统

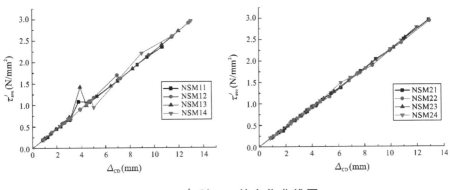

图 5-7 τ'_{ave} 随 $\triangle_{CD}$ 的变化曲线图

应变情况,并可求得每一种加固方法下最大的极限荷载及 CFRP 筋表面最大剪应力。图 5-8、图 5-9 分别给出了 NSM11 和 NSM21 两根梁的 CFRP 筋上应变及剪应力随加固梁上荷载大小沿 l_1 长度的变化情况。

（1）试验全过程

从总体上看,所有试件的受力过程基本相似。开始加载阶段,CFRP 筋纤维应变值较小,筋的传力区较短,CFRP 筋仅在接近跨中凹槽两边 1~2 个应变片约 100mm 范围内产生了应变。

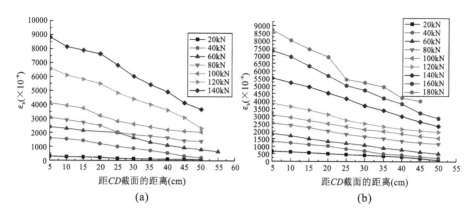

图 5-8 NSM CFRP 筋 l_1 段应变分布情况曲线

(a)NSM11 l_1 段应变分布情况;(b)NSM21 l_1 段应变分布情况

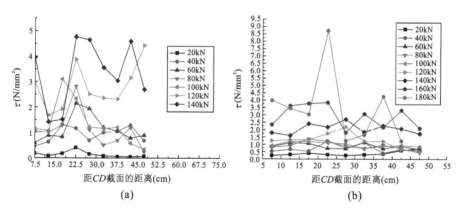

图 5-9 NSM CFRP 筋 l_1 段剪应力分布情况

(a)NSM11 l_1 段剪应力分布情况;(b)NSM21 l_1 段剪应力分布情况

随着荷载的增加,凹槽两边拐角处 C 点在凹槽顶部开裂;开裂后 CFRP 筋在跨中应变急剧增长,且筋材受力区域向两端延伸,量测到应变的应变片数目逐渐增多;继续加载,跨中筋材应变继续增长,CFRP 筋的传力区向两端扩展。试验中发现,当加载到某一阶段荷载维持不变时,CFRP 筋材的应变不是固定不变,而是一个逐渐变化的过程，跨中两边筋材的应变缓慢下降，而其两端筋材的应变则缓慢增长，直到变化逐渐平稳，其原因在于胶粘剂产生的剪切变形允许 CFRP 筋与混凝土之间产生缓慢的相对滑移；加载继续，跨中筋材与混凝土黏结面产生了剥离破坏，同时伴随有胶粘剂内聚体的撕裂声，CFRP 筋的表面颜色由黑变白。随着荷载的增加，筋材与混凝土黏结面的剥离破坏从剥离起始点即跨中凹槽两边（裂缝处）逐渐向两端发展；此后，随着荷载的增加，产生剥离破坏的筋材应变增长缓慢。

（2）CFRP 筋应变发展及分布规律

图 5-8 所示为不同荷载水平下，各个应变测点的 CFRP 筋应变分布随荷载的变化规律。从图 5-8 中可看出，加载初期，筋材应变分布呈现明显的凸形形状，随着距 CD 截面距离的增加，CFRP 筋材应变急剧降低，筋材传力区域较小；混凝土梁开裂后，跨中 CFRP 筋应变（表 5-1、表 5-2）和筋材传力区域急剧增长；当荷载增加到一定值时，筋材产生应变的区域即传力区域基本上不再增长，只是传力区域内 CFRP 筋应变随着荷载的增加而增大，直到筋材应变分布曲线基本上发展成为直线形状。继续加载，加载端筋材产生剥离破坏，筋材剥离的产生使其应变分布曲线形状产生两个明显的改变：一是跨中剥离筋材的应变增长缓慢，而其两边远离跨中筋材的应变增长明显加快，即跨中两边筋材应变分布曲线逐渐发展为水平直线；二是筋材传力区域即筋材量测到应变的区域向两端延伸。

（3）黏结剪应力发展及分布规律

相邻两应变片之间 FRP 与混凝土基层的平均黏结剪应力可由公式计算得到。图 5-9 所示为试件各个应变测点之间 CFRP 筋与混凝土黏结面的平均黏结剪应力随荷载的变化规律曲线，图中横坐标为两应变片测点中部距 CD 截面的距离。从图 5-9 中可以看出,加载初期,局部黏结剪应力分布曲线和筋材应变分布曲线基本相似,也呈现明显的非线性特征,凹槽两边筋材与混凝土之间局部黏结剪应力值较大,随着距 CD 截面距离的增加,局部黏结剪应力急剧降低;随着荷载的增加,局部黏结剪应力分布曲线由凸形形状发展成为直线形状;之后,随着荷载的继续增加,CD 截面附近筋材产生剥离破坏,局部黏结剪应力急剧下降,而其两边黏结面的局部黏结剪应力则急剧增加;继续加载,加载端局部黏结剪应力下降至零,局部黏结剪应力峰值逐渐向两端移动,曲线发展成凸形形状。

（4）黏结剪应力-滑移曲线

界面某点 i 的滑移量 s_i 是 CFRP 滑移量与混凝土和胶粘剂组合面滑移量的差值。假设在 CFRP 的截断点 CFRP 与混凝土的相对滑移量为 0,则截面 i 的滑移 s_i 可以按 $s_i = s_{i-1} + (\delta_{\mathrm{f},i} - \delta_{\mathrm{c},i})$ $(i = 2 \sim n, s_1 = 0)$ 来计算,$\delta_{\mathrm{f},i}$ 为 i 截面 CFRP 的滑移;$\delta_{\mathrm{c},i}$ 为 i 截面混凝土和黏结胶组合截面的滑移,n 为应变片数。这样可分别计算得到各级荷载作用下黏结界面的局部滑移和局部黏结剪应力,将两者组合起来就可以得到局部黏结剪应力-滑移关系曲线。图 5-10 是由试验得到的具有代表性的 CFRP-混凝土界面局部黏结剪应力-滑移关系曲线。曲线呈现明显的非线性特征,基本上呈抛物线形状,开始是一段陡峭、斜率很大的上升段,黏结应力很快达到极大值,当黏结应力达到极限黏结应力的 $30\% \sim 40\%$ 时,曲线斜率随着黏结应力的增加持续下降,最终在黏结应力达到最大值时降为零;接着是一段近似水平的塑性软化段;最后是一段相对平稳的下降段,一直到极限位移。水平塑性软化段预示着剥离破坏的开始,极限位移则代表了界面的延性。

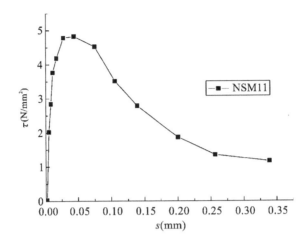

图 5-10　界面黏结剪应力-滑移关系曲线

5.3.3　CFRP 筋-混凝土界面的剥离承载力

　　槽内 CFRP 筋受到表面不均匀的剪应力,在有效锚固长度内, CFRP 筋与胶粘剂内聚体界面上因为梁受弯而产生的表面正应力, CFRP 筋相当于外表受到剪应力和正应力的圆柱体(图 5-11),CFRP 筋横截面中心与边缘的变形有一定差异,这导致 CFRP 筋横截面的正应力非均匀分布。

　　首先来看 CFRP 筋槽内胶粘剂内聚体的受力,凝固后槽内的胶粘剂内聚体是一个断面内圆外方的柱体,假定可以认为是近似的厚壁圆筒,内半径为 $d_b/2$,外半径为 $b_g/2$(本文取的是 $b_g = h_g$),受内压力为 CFRP 筋和胶粘剂界面的正应力 σ_{ba} 及外压力为胶粘剂内聚体与混凝土界面的正应力 σ_{ca}。若忽略内外表面剪应力的影响,其应力分布应当是轴对称的,如图 5-11(c)所示,因此可取其应力分量表达式(极坐标式)为:

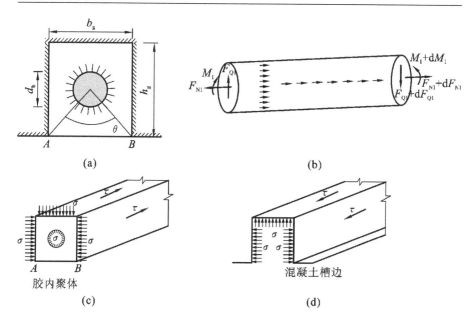

图 5-11　槽内胶体、CFRP 筋及槽边混凝土受力

$$\left.\begin{aligned}
\sigma_{\rho} &= \frac{A}{\rho^2} + B(1+2\ln\rho) + 2C \\
\sigma_{\varphi} &= -\frac{A}{\rho^2} + B(3+2\ln\rho) + 2C \\
\tau_{\rho\varphi} &= \tau_{\varphi\rho} = 0
\end{aligned}\right\} \tag{5-13a}$$

边界条件为：

$$\left.\begin{aligned}
(\tau_{\rho\varphi})_{\rho=d_{\mathrm{b}}/2} &= 0, \qquad (\tau_{\rho\varphi})_{\rho=b_{\mathrm{g}}/2} = 0 \\
(\sigma_{\rho})_{\rho=d_{\mathrm{b}}/2} &= -\sigma_{\mathrm{ba}}, \quad (\sigma_{\varphi})_{\rho=b_{\mathrm{g}}/2} = -\sigma_{\mathrm{ca}}
\end{aligned}\right\} \tag{5-13b}$$

由式(5-13a)知，前两个条件是满足的，而后两个条件须满足：

$$\left.\begin{aligned}
\frac{A}{\left(\dfrac{d_{\mathrm{b}}}{2}\right)^2} + B\left(1+2\ln\frac{d_{\mathrm{b}}}{2}\right) + 2C &= -\sigma_{\mathrm{ba}} \\
\frac{A}{\left(\dfrac{b_{\mathrm{g}}}{2}\right)^2} + B\left(1+2\ln\frac{b_{\mathrm{g}}}{2}\right) + 2C &= -\sigma_{\mathrm{ca}}
\end{aligned}\right\} \tag{5-13c}$$

因为 (ρ_1,φ_1) 和 $(\rho_1,\varphi_1+2\pi)$ 是同一点，不可能有不同的位移，由位移的单值条件可知：$B=0$，则可由式(5-13c)求得 A 和 $2C$。

$$A=\frac{d_{\mathrm{b}}^2 b_{\mathrm{g}}^2(\sigma_{\mathrm{ca}}-\sigma_{\mathrm{ba}})}{4(b_{\mathrm{g}}^2-d_{\mathrm{b}}^2)},\qquad 2C=\frac{\sigma_{\mathrm{ba}}d_{\mathrm{b}}^2-b_{\mathrm{g}}^2\sigma_{\mathrm{ca}}}{b_{\mathrm{g}}^2-d_{\mathrm{b}}^2}$$

代入式(5-13a)，稍加整理，得到拉梅的解答如下：

$$\left.\begin{aligned}
\sigma_\rho &=\frac{d_{\mathrm{b}}^2 b_{\mathrm{g}}^2(\sigma_{\mathrm{ca}}-\sigma_{\mathrm{ba}})}{4(b_{\mathrm{g}}^2-d_{\mathrm{b}}^2)}\cdot\frac{1}{\rho^2}+\frac{d_{\mathrm{b}}^2\sigma_{\mathrm{ba}}-b_{\mathrm{g}}^2\sigma_{\mathrm{ca}}}{b_{\mathrm{g}}^2-d_{\mathrm{b}}^2}\\[2mm]
\sigma_\varphi &=-\frac{d_{\mathrm{b}}^2 b_{\mathrm{g}}^2(\sigma_{\mathrm{ca}}-\sigma_{\mathrm{ba}})}{4(b_{\mathrm{g}}^2-d_{\mathrm{b}}^2)}\cdot\frac{1}{\rho^2}+\frac{d_{\mathrm{b}}^2\sigma_{\mathrm{ba}}-b_{\mathrm{g}}^2\sigma_{\mathrm{ca}}}{b_{\mathrm{g}}^2-d_{\mathrm{b}}^2}
\end{aligned}\right\}\qquad(5\text{-}14)$$

再来看槽边混凝土某点的应力状态，混凝土受到胶粘剂传来的正应力，如图 5-11(d)所示。混凝土槽边 1 点、3 点的应力状态如图 5-12 所示，σ_{x} 为梁中混凝土在梁轴向 x 轴 $\sigma_{\mathrm{t}}=\dfrac{My_0}{I_0}$，$\tau_{\mathrm{x}}$、$\tau_{\mathrm{z}}$ 为槽内胶粘剂内聚体对混凝土槽边的剪应力，σ_{y}、σ_{z} 为胶粘剂内聚体与混凝土界面上的正应力 σ_{ca}，这样点 1 中的最大、最小主应力为：

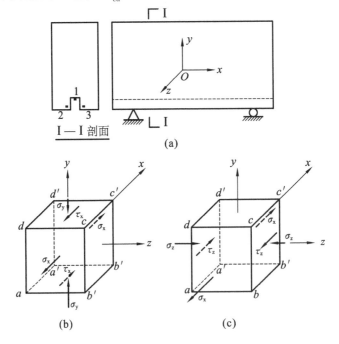

I—I 剖面

(a)

(b)   (c)

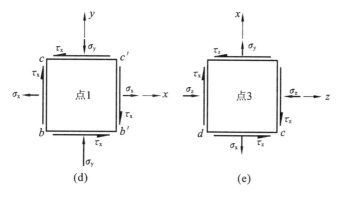

图 5-12 槽边混凝土应力状态

$$\begin{cases} \sigma_1 \\ \sigma_2 \end{cases} = \frac{1}{2}(\sigma_x + \sigma_y) \pm \frac{1}{2}\sqrt{(\sigma_x - \sigma_y)^2 + \tau_x^2} \qquad (5\text{-}15)$$

$$\sigma_{max}^1 = \frac{1}{2}(\sigma_t + \sigma_{ca}) + \frac{1}{2}\sqrt{(\sigma_t - \sigma_{ca}) + \tau^2}$$

$$\sigma_{min}^1 = \frac{1}{2}(\sigma_t + \sigma_{ca}) - \frac{1}{2}\sqrt{(\sigma_t - \sigma_{ca}) + \tau^2}$$

点 3 中的最大、最小主应力为:

$$\sigma_{max}^3 = \frac{1}{2}(\sigma_t + \sigma_{ca}) + \frac{1}{2}\sqrt{(\sigma_t - \sigma_{ca}) + \tau^2}$$

$$\sigma_{min}^3 = \frac{1}{2}(\sigma_t + \sigma_{ca}) - \frac{1}{2}\sqrt{(\sigma_t - \sigma_{ca}) + \tau^2}$$

实际上,在不考虑力臂的微小差别的情况下,点 1 和点 3 的应力状态是相同的。

表 5-5 是内嵌 CFRP 筋加固混凝土梁的极限荷载及对应情况下 CFRP 筋表面的剪应力值。依据该表的数据通过回归可以得到 CFRP 筋-混凝土界面的平均剪应力 τ_{ave} 与界面剥离承载力 P_u 的一般表达式,为:

$$\tau_{ave} = 9.61 - \ln l_1$$

$$P_u = \tau_{ave} \cdot l_1 \cdot C$$

其中，l_1 为 CFRP 筋埋入混凝土的长度(mm)；C 为 CFRP 筋在埋入部分参与粘贴的周长(mm)。

表 5-5　各梁极限荷载及测算得到的 CFRP 筋表面剪应力

梁编号	极限荷载 (kN)	τ_{ave} (N/mm²)	Δ_{CD} (mm)	τ'_{ave} (N/mm²)	τ_{max} (N/mm²)	备注
NSM11	140	2.644	10.668	2.346	4.769	τ_{ave} 由测得的 ε_b 计算得到；τ'_{ave} 由测得的 Δ_{CD} 和 ε_b 计算得到；τ_{max} 由实测得到
NSM12	140	2.883	12.812	2.905	4.443	
NSM13	130	2.698	11.988	2.718	4.674	
NSM14	140	2.909	13.001	2.953	4.826	
NSM21	180	2.804	12.884	2.950	8.726	
NSM22	180	2.919	12.943	2.933	4.423	
NSM23	150	2.449	11.114	2.536	4.014	
NSM24	180	2.507	12.001	2.780	4.504	

5.4　外贴 CFRP 板加固宽缺口混凝土梁黏结-滑移特性研究

5.4.1　CFRP 板-混凝土界面黏结-滑移本构关系改进试验

与内嵌 CFRP 筋材加固相比，外贴 CFRP 板加固混凝土梁也具有一定的优势和特定用途，对于简单构件及不适合于采用内嵌法加固的混凝土构件来说，外贴 CFRP 板也具有一定优势，若在 CFRP 板喷上砂浆保护层，同样也可以起到防腐蚀的作用。外贴 CFRP 板与混凝土的黏结性能是外贴 CFRP 板加固混凝土构件的控制关键，CFRP 板与混凝土界面的黏结剪应力，实现了混凝土与 CFRP 板之间的荷载传递。大量的试验研究表明，外贴 CFRP 板

抗弯、抗剪加固混凝土构件时常发生 CFRP 板的剥离破坏,CFRP
板的剥离破坏是由黏结剪应力集中造成的,属脆性破坏,破坏前
没有明显的力学预兆,破坏时 CFRP 板内应变处于较低水平,不
仅造成了材料等资源的浪费,而且大大降低被加固构件体系的安
全性。因此,外贴 CFRP 板与混凝土界面黏结性能研究已成为该
领域研究的热点和关键技术,从 CFRP 板与混凝土界面受力形式
和加载体系受力看,目前研究界面黏结性能的试验可分为正面对
拉试验、单剪试验、双剪试验和梁式弯剪、弯拉试验。喻林[258]通
过量测混凝土与碳纤维布之间的正拉强度并观察其破坏形式,研
究了不同侵蚀环境对碳纤维布加固混凝土黏结性能的影响。研
究表明,酸性环境对混凝土与碳纤维布界面的正拉强度影响最
大,其次是碳化环境、碱环境、水环境。只有在酸性环境下碳纤维
布加固混凝土的破坏形式为界面黏结破坏,其他环境均为界面附
近混凝土受拉破坏。陆新征[136]采用面内单剪切试验提出了细观
单元有限元研究结果,建设了一组新的界面本构模型以及界面剥
离公式,分为精确模型、简化模型和双线性模型。其中精确模型
可以考虑不同界面胶层刚度的影响,简化模型和双线性模型则适
用于一般界面黏结胶层,且精度优于现有各模型。曹双寅[102]采
用外贴 FRP 与混凝土结合面双剪试验,并用电子散斑干涉技术对
FRP-混凝土结合面的变形场进行测试,重点研究结合面的黏结-
滑移关系,基于 FRP-混凝土结合面的初始滑移刚度,提出了 FRP-
混凝土结合面黏结-滑移本构关系的基本模型,模型曲线的发展
过程由非线性上升段和不稳定下降段两部分组成,峰值应力与混
凝土强度有关,达到应力峰值的滑移和极限滑移受混凝土强度和
FRP 形式(板或布)等的影响不大。郭樟根[103]采用修正梁模型研
究 FRP 与混凝土的黏结性能,其优点是综合考虑了弯曲和剪切的
影响,与实际工程受弯加固黏结界面的受力状态基本相同,在梁

底跨中预先锯开深 50mm 的凹槽,梁底受拉面粘贴 FRP 条带, FRP 条带宽 50mm,为避免凹槽两边的混凝土受剪破坏,凹槽两边各预留 20mm 长混凝土为非黏结区;考虑了混凝土强度和 FRP 黏结长度对黏结性能的影响;分析了 FRP 应变以及局部黏结剪应力发展规律以及沿黏结长度在各级荷载下的分布规律;得到了局部黏结剪应力-滑移关系曲线。实际工程中,梁、板、柱和墙的加固界面都存在正应力的作用,而预先开槽并在槽两侧设置非黏结区的梁式弯拉试验,所开槽的凹口对梁受力后开裂具有引导作用,且不利于应变的量测。为此,作者设计了如图 5-13 所示的外贴 CFRP 板加固混凝土梁的试验,进而探索 CFRP 板-混凝土界面黏结-滑移关系。为明晰 CFRP 板的受力,将梁中段 l_0(600mm)沿梁全宽掏空,其深度为 20mm,板的总长度为 2100mm,$l_1 = 750$mm,双加载点的间距为 700mm,这样 $AA'B'B$ 和 $DD'C'C$ 区域从外观上看均处在纯弯段,加固梁加载初期不会受到剪切裂缝的影响,相当于在凹槽的两端留有附加抗剪切区段,以克服边界的应力集中。

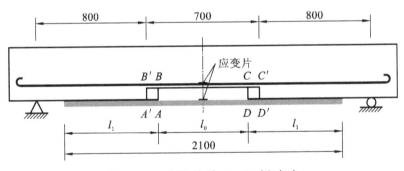

图 5-13　改进补贴 CFRP 板试验

5.4.2　CFRP 板-混凝土界面黏结-滑移本构关系模型

加固梁在加载过程中,设某一时刻 CFRP 板中的应变为 ε_{pf},则此时 CFRP 板中的应力 $\sigma_{pf} = E_{pf}\varepsilon_{pf}$,CFRP 断面上的总拉力 $F_{Pp} =$

$\sigma_{pf}A_{pf}$(A_{pf} 为 CFRP 板的有效截面面积),假设 CFRP 板在 l_0 段的受力是均匀的,则 l_0 段受拉伸长 $\Delta l_0 = \dfrac{\sigma_{pf}l_0}{E_{pf}} = \varepsilon_{pf}l_0$,这个伸长在 A 点、D 点各向支座端移动 $\Delta l_0/2$。而对于受有拉拔力 FRP 的两端外贴的 l_1 段 CFRP 板来说,相当于混凝土块上外贴有 CFRP 板的简单拉伸试验,在 F_{Pp} 作用下,加载端起始截面 AB 或 CD 截面向梁板中间产生滑移,此滑移包括 l_1 段 CFRP 板与 F_{Pp} 平衡,板材表面在剪应力作用下的各局部不均匀伸长的累计和,外贴 CFRP 板与混凝土之间一定厚度胶粘剂内聚体的剪切变形及胶粘剂与混凝土界面上混凝土表面受到不均匀剪应力而产生的剪切变形。在弹性范围内,可以假定 l_1 段 CFRP 表面局部受到剪应力产生的伸长变形与将 CFRP 板表面局部剪应力全部均摊到长度 l_1 上的假定均匀表面剪应力作用下的伸长变形相等,则其均值剪应力为:

$$\tau_{ave} \cdot b_{pf} \cdot l_1 = E_{pf} \cdot \varepsilon_{pf} \cdot t_{pf}$$

则有

$$\tau_{ave} = \frac{E_{pf} \cdot \varepsilon_{pf} \cdot t_{pf}}{l_1} \tag{5-16}$$

l_1 段 CFRP 板左端受到的力

$$\sigma_{pf} = E_{pf}\varepsilon_{pf} = E_{pf}K\varepsilon_s \tag{5-17}$$

而 CD 截面的右侧 l_1 段上已求得了 CFRP 板表面上的平均剪应力 τ_{ave},假定从 l_1 段中取出 $\mathrm{d}x$ 段,如图 5-14 所示,由水平方向上力的平衡可得:

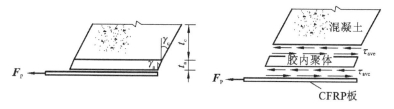

图 5-14 外贴 CFRP 板微段受力分析

$$(\sigma_{pf} + d\sigma_{pf})b_{pf}t_{pf} + \tau_{ave}b_{pf}dx = \sigma_{pf}b_{pf}t_{pf}$$

得到：

$$\frac{d\sigma_{pf}}{dx} = -\frac{\tau_{ave}}{t_{pf}} \tag{5-18}$$

dx 段的伸长 $\Delta dx = \dfrac{\sigma_{pf}}{E_{pf}}dx$，长度 l_1 段的伸长为：

$$\Delta l_1 = \int_0^{l_1} \frac{\sigma_{pf}}{2E_{pf}}dx = -\frac{\tau_{ave}}{t_{pf}E_{pf}}\int_0^{l_1} x\,dx \tag{5-19}$$

积分得到：

$$\Delta l_1 = -\frac{\tau_{ave}}{2E_{pf}t_{pf}} \cdot l_1^2 \quad （方向向右） \tag{5-20}$$

再求 l_1 段胶粘剂内聚体与混凝土的剪切变形。在 l_1 段内，胶粘剂内聚体双面受到 τ_{ave} 剪应力的作用（图 5-14），混凝土在与胶粘剂的界面上表面受到 τ_{ave} 的作用，则有：

$$\left.\begin{aligned} \Delta t_a = \gamma_a t_a = \frac{\tau_{ave}}{G_a}t_a \\ \Delta t_c = \gamma_c t_c = \frac{\tau_{ave}}{G_c}t_c \end{aligned}\right\} \tag{5-21}$$

式(5-21)所表示剪切变形在 CD 截面上的移动也是向右的，所以此两项可以叠加，有：

$$\Delta t_{ac} = \Delta t_a + \Delta t_c = \frac{\tau_{ave}}{G_a}t_a + \frac{\tau_{ave}}{G_c}t_c \tag{5-22}$$

将 $\Delta l_0/2$ 与式(5-20)和式(5-22)的值求代数和得：

$$\Delta_{CD} = \frac{\varepsilon_{pf}l_0}{2} + \frac{\tau_{ave}l_1^2}{2E_{pf}t_{pf}} - \left(\frac{\tau_{ave}}{G_a}t_a + \frac{\tau_{ave}}{G_c}t_c\right) \tag{5-23}$$

即可求得 CD 截面的滑移量，在测量 CFRP 的 ε_{pf} 的同时，若通过外置精密位移计测得 CD 截面相对于梁体中某点混凝土的滑移量，即可求得沿 l_1 全线的 CFRP 板的平均剪应力，并由此绘制不同外荷载作用下，τ_{ave} 随外荷载变化的特征曲线。由式(5-23)可导出：

$$\tau_{ave} = \frac{\Delta_{CD} - \dfrac{\varepsilon_{pf} l_0}{2}}{\dfrac{l_1^2}{2E_{pf} t_{pf}} - \dfrac{t_a}{G_a} - \dfrac{t_c}{G_c}} \tag{5-24}$$

如图 5-13 所示,CFRP 板在中间 AD 段外露,在其上直接外贴应变片即可测得板内应变(应力)随组合加固梁所受到外荷载变化而变化的情况,进而由式(5-16)求得 CFRP 板在 l_1 段 CFRP 板表面的平均剪应力 τ_{ave}。

表 5-6 给出了 CFRP 板的应变及板上平均剪应力 τ_{ave} 随外荷载的变化数据。由此表可绘制荷载-τ_{ave} 变化曲线,如图 5-15 所示。

表 5-6　外贴 CFRP 板应变及表面平均剪应力(EBR 系列梁)

荷载 (kN)	EBR1		EBR2		EBR3		EBR4	
	ε_{bf}	τ_{ave}	ε_{bf}	τ_{ave}	ε_{bf}	τ_{ave}	ε_{bf}	τ_{ave}
	$(\times 10^{-6})$	(N/mm^2)	$(\times 10^{-6})$	(N/mm^2)	$(\times 10^{-6})$	(N/mm^2)	$(\times 10^{-6})$	(N/mm^2)
20	454	0.144	408	0.129	475	0.151	306	0.097
30	671	0.213	682	0.216	748	0.237	494	0.157
40	888	0.282	935	0.297	1001	0.318	698	0.222
50	1109	0.352	1174	0.373	1196	0.380	895	0.284
60	1346	0.427	1396	0.433	1428	0.453	1090	0.346
70	1563	0.496	1624	0.515	1655	0.525	1265	0.401
80	1757	0.558	1816	0.576	1843	0.585	1466	0.465
90	1966	0.624	2028	0.644	2062	0.654	1608	0.510
100	2169	0.688	2224	0.706	2269	0.720	1753	0.556
110	2419	0.768	2421	0.768	2659	0.844	2269	0.720
120	2625	0.833	2626	0.833	—	—	—	—

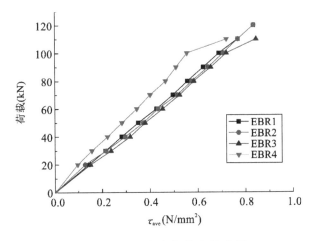

图 5-15 τ_{ave} 随外荷载变化曲线

　　要求得 CD 截面(图 5-13)相对于混凝土某点的相对滑移量和外力作用下 CFRP 板在 l_1 段界面剪应力的分布情况,进而求得外荷载作用下 l_1 段上界面的最大剪应力 τ_{max}。首先设计了图 5-16 所示的千分表测试系统量测 CD 截面两侧的相对滑移和绝对移动量及下沉位移。

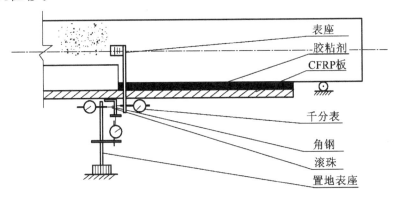

图 5-16 外荷载情况下 $\triangle_{CD}$ 的量测系统

　　表 5-7 列出了 EBR 系列梁 CD 截面滑移量 $\triangle_{CD}$ 及由式(5-24)算得的 τ'_{ave} 值,由此绘制的曲线如图 5-17 所示。

表 5-7 $\triangle_{CD}$ 及其相应的 τ'_{ave}（EBR 系列梁）

荷载 (kN)	EBR1		EBR2		EBR3		EBR4	
	$\triangle_{CD}$ (mm)	τ'_{ave} (N/mm²)	$\triangle_{CD}$ (mm)	τ'_{ave} (N/mm²)	$\triangle_{CD}$ (mm)	τ'_{ave} (N/mm²)	$\triangle_{CD}$ (mm)	τ'_{ave} (N/mm²)
20	0.582	0.189	0.668	0.231	0.626	0.205	0.621	0.224
30	0.808	0.257	0.921	0.303	0.928	0.298	0.858	0.301
40	0.996	0.309	1.083	0.340	1.244	0.400	0.932	0.306
50	1.284	0.403	1.466	0.472	1.620	0.543	1.148	0.372
60	1.667	0.535	1.684	0.536	1.723	0.548	1.404	0.456
70	1.828	0.575	1.926	0.609	2.034	0.651	1.628	0.529
80	2.045	0.643	2.158	0.683	2.433	0.796	1.832	0.589
90	2.638	0.867	2.468	0.787	2.569	0.826	2.013	0.648
100	2.838	0.926	2.836	0.918	2.833	0.911	2.296	0.749
110	2.996	0.961	2.944	0.939	2.994	0.930	2.832	0.911
120	3.124	0.989	3.016	0.943	—	—	—	—

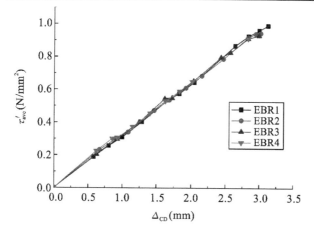

图 5-17 τ'_{ave} 随 $\triangle_{CD}$ 的变化曲线

　　CD 截面右侧，$DD'C'C$ 是预留非锚固段，其长度为 50mm，自 $D'C'$ 截面开始向右每隔 50mm 在 CFRP 板上粘贴 15mm×3mm 的应变片 6 个，由此可测得 CFRP 板上各局部点上应变情况，并可求得每一种加固方法下最大的极限荷载及 CFRP 板界面最大剪应力。图 5-18 给出了 EBR 系列梁的 CFRP 板上应变及剪应力随加固梁上荷载沿 l_1 长度的变化情况。

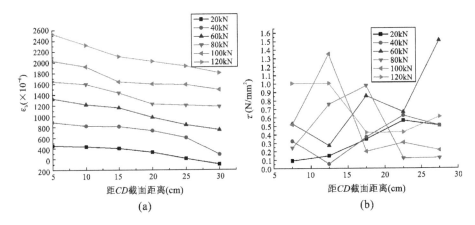

图 5-18　EBR 系列梁的 CFRP 板 l_1 段应变及剪应力分布情况

(a)EBR1 l_1 段应变分布情况；(b)EBR1 l_1 段剪应力分布情况

5.4.3　CFRP 板-混凝土界面的剥离承载力

（1）界面剪应力解析

　　从前述所测得的 CFRP 板的应变情况看，假设外贴 CFRP 板加固混凝土梁所有材料均处于弹性状态是可取的，沿胶层厚度上界面剪应力和正应力不变，胶层只起到传递界面剪应力的作用，即对胶层可只考虑其剪切变形，在胶层没有开裂脱胶之前，混凝土梁、胶层和 CFRP 板具有相同的曲率，在图 5-13 所示梁中离 CD 截面 x 距离处取出一个微段 $\mathrm{d}x$，如图 5-19 所示，界面上剪应力可以写为：

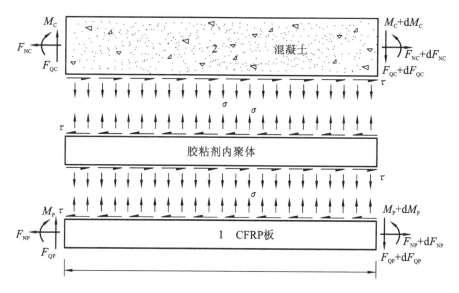

图 5-19 dx 微段的受力情况

$$\tau(x) = G_a \left[\frac{\mathrm{d}u(x,y)}{\mathrm{d}y} + \frac{\mathrm{d}v(x,y)}{\mathrm{d}x} \right] \qquad (5\text{-}25)$$

其中，$u(x,y)$、$v(x,y)$ 是胶粘剂内聚体沿水平和竖向的位移，以 CD 截面为 x 的坐标原点，对式（5-25）进行微分有：

$$\frac{\mathrm{d}\tau(x)}{\mathrm{d}x} = G_a \left[\frac{\mathrm{d}^2 u(x,y)}{\mathrm{d}x\mathrm{d}y} + \frac{\mathrm{d}^2 v(x,y)}{\mathrm{d}x^2} \right] \qquad (5\text{-}26)$$

由于混凝土梁、胶粘剂内聚体和 CFRP 板有相同的曲率，利用梁横截面上弯矩曲率的关系式，式（5-26）括号内第二项可写成：

$$\frac{\mathrm{d}^2 v(x,y)}{\mathrm{d}x^2} = M_T(x) / (EI)_a \qquad (5\text{-}27)$$

其中，$(EI)_a$ 为胶粘剂界面的抗弯刚度，$M_T(x)$ 为 x 截面处加固梁的总弯矩。由于胶粘剂内聚体的厚度一般只有 2mm，可假设剪应力沿胶粘剂厚度上部发生变化。因此，其水平位移 $u(x,y)$ 呈线性分布，于是有：

$$\frac{\mathrm{d}u}{\mathrm{d}y} = \frac{1}{t_a} [u_2(x) - u_1(x)] \qquad (5\text{-}28\mathrm{a})$$

即

$$\frac{\mathrm{d}^2 u}{\mathrm{d}y\mathrm{d}x} = \frac{1}{t_a} \left[\frac{\mathrm{d}u_2(x)}{\mathrm{d}x} - \frac{\mathrm{d}u_1(x)}{\mathrm{d}x} \right] \qquad (5\text{-}28\mathrm{b})$$

其中,$u_2(x)$为胶粘剂层与混凝土之间界面上胶粘剂的水平方向位移;$u_1(x)$为胶粘剂层与 CFRP 板之间界面处胶粘剂的水平方向位移。由式(5-26)、式(5-27)和式(5-28)可得:

$$\frac{\mathrm{d}\tau(x)}{\mathrm{d}x} = \frac{G_a}{t_a} \left[\frac{\mathrm{d}u_2(x)}{\mathrm{d}x} - \frac{\mathrm{d}u_1(x)}{\mathrm{d}x} - \frac{t_a}{(EI)_a} M_\mathrm{T}(x) \right] \qquad (5\text{-}29)$$

其中,$\dfrac{t_a}{(EI)_a} M_\mathrm{T}(x)$的量级很小,可忽略不计。

另外,胶粘剂内聚体上侧混凝土界面和下侧碳纤维界面的纵向线应变为:

$$\varepsilon_\mathrm{pf}(x) = \frac{\mathrm{d}u_\mathrm{pf}}{\mathrm{d}x} = -\frac{y_\mathrm{pf}}{E_\mathrm{pf} I_\mathrm{pf}} M_\mathrm{pf}(x) + \frac{1}{E_\mathrm{pf} A_\mathrm{pf}} N_\mathrm{pf}(x) + \frac{y_\mathrm{pf}}{G_\mathrm{pf} \alpha A_\mathrm{pf}} b_\mathrm{pf} \sigma(x)$$

$$\varepsilon_\mathrm{c}(x) = \frac{\mathrm{d}u_\mathrm{c}}{\mathrm{d}x} = \frac{y_\mathrm{c}}{E_\mathrm{c} I_\mathrm{c}} M_\mathrm{c}(x) + \frac{1}{E_\mathrm{c} A_\mathrm{c}} N_\mathrm{c}(x) + \frac{y_\mathrm{c}}{G_\mathrm{c} \alpha A_\mathrm{c}} b_\mathrm{pf} \sigma(x)$$

其中,y_pf、y_cf为 CFRP 板上侧及混凝土下侧到各自形心轴的距离,α 为表征有效剪切面积系数,取 5/6,如图 5-19 所示,沿纵向列出平衡方程:

$$\frac{\mathrm{d}N_\mathrm{pf}(x)}{\mathrm{d}x} = \frac{\mathrm{d}N_\mathrm{c}(x)}{\mathrm{d}x} = b_\mathrm{pf} \tau(\mathrm{x}) \qquad (5\text{-}30)$$

于是有:

$$N_\mathrm{pf}(x) = N_\mathrm{c}(x) = N(x) = b_\mathrm{pf} \int_0^x \tau(x)\,\mathrm{d}x \qquad (5\text{-}31)$$

外贴的 CFRP 板在中间凹槽处是外露的,且由试验测得其荷载应变 ε_pf(中点),由图 5-20 可知:

$$F_\mathrm{pf} = \int_0^x \tau(x)\,\mathrm{d}x\, b_\mathrm{pf} + \sigma_\mathrm{pf}(x) t_\mathrm{pf} b_\mathrm{pf} \qquad (5\text{-}32\mathrm{a})$$

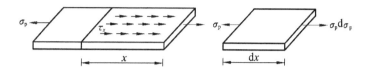

图 5-20 CFRP 板的受力

即

$$\varepsilon_{pf}E_{pf}b_{pf}t_{pf} = \int_0^x \tau(x)b_{pf}\mathrm{d}x + \sigma_{pf}(x)t_{pf}b_{pf} \qquad (5\text{-}32b)$$

简化后有：

$$\sigma_{pf}(x) = \frac{1}{t_{pf}}\int_0^x \tau(x)\mathrm{d}x - \varepsilon_{pf}E_p \qquad (5\text{-}32c)$$

由于胶粘剂内聚体不开裂，所以混凝土梁和 CFRP 板承受的弯矩有如下关系：

$$M_c(x) = RM_p(x) \rightarrow R = \frac{E_c I_c}{E_{pf}I_{pf}} \qquad (5\text{-}33)$$

考虑到加固梁横截面上的力矩平衡，有：

$$M_T(x) = M_p(x) + M_c(x) + N(x)(y_{pf} + y_c + t_a) \qquad (5\text{-}34)$$

由此可得：

$$\left.\begin{aligned}
M_p(x) &= \frac{1}{R+1}\Big[M_T(x) - b_{pf}\int_0^x \tau(x)(y_{pf} + y_c + t_a)\mathrm{d}x\Big]\\
M_c(x) &= \frac{R}{R+1}\Big[M_T(x) - b_{pf}\int_0^x \tau(x)(y_{pf} + y_c + t_a)\mathrm{d}x\Big]
\end{aligned}\right\}$$

$$(5\text{-}35)$$

同时也有：

$$\left.\begin{aligned}
\frac{\mathrm{d}M_p(x)}{\mathrm{d}x} &= Q_p(x) = \frac{1}{R+1}\big[Q_T(x) - b_{pf}\tau(x)(y_{pf} + y_c + t_a)\big]\\
\frac{\mathrm{d}M_c(x)}{\mathrm{d}x} &= Q_c(x) = \frac{R}{R+1}\big[Q_T(x) - b_{pf}\tau(x)(y_{pf} + y_c + t_a)\big]
\end{aligned}\right\}(5\text{-}36)$$

将上述有关方程代入式(5-29)，并经整理后得：

$$\frac{\mathrm{d}^2\tau}{\mathrm{d}x^2} - a_{11}\tau = -a_{12}Q_{\mathrm{T}} - a_{13}\frac{\mathrm{d}\sigma(x)}{\mathrm{d}x} \tag{5-37}$$

其中

$$a_{11} = G_{\mathrm{a}}\frac{b_{\mathrm{pf}}}{t_{\mathrm{a}}}\left[\frac{(y_{\mathrm{pf}}+y_{\mathrm{c}})(y_{\mathrm{pf}}+y_{\mathrm{c}}+t_{\mathrm{a}})}{E_{\mathrm{pf}}I_{\mathrm{pf}}+E_{\mathrm{c}}I_{\mathrm{c}}} + \frac{1}{E_{\mathrm{pf}}A_{\mathrm{pf}}} + \frac{1}{E_{\mathrm{c}}A_{\mathrm{c}}}\right]$$

$$a_{12} = \frac{G_{\mathrm{a}}}{t_{\mathrm{a}}} \cdot \frac{y_{\mathrm{pf}}+y_{\mathrm{c}}}{E_{\mathrm{pf}}I_{\mathrm{pf}}+E_{\mathrm{c}}I_{\mathrm{c}}}$$

$$a_{13} = \frac{G_{\mathrm{a}}b_{\mathrm{pf}}}{t_{\mathrm{a}}\alpha}\left(\frac{y_{\mathrm{c}}}{G_{\mathrm{c}}A_{\mathrm{c}}} - \frac{y_{\mathrm{pf}}}{G_{\mathrm{pf}}A_{\mathrm{pf}}}\right)$$

（2）界面正应力的解析

因梁承受外荷载时，由于界面间正应力 $\sigma(x)$ 的作用（图 5-19），界面会有剥离张开的趋向。

$$\sigma(x) = \frac{E_{\mathrm{a}}}{t_{\mathrm{a}}}\big[v_{\mathrm{c}}(x) - v_{\mathrm{p}}(x)\big] \tag{5-38}$$

对于混凝土梁有：

$$\frac{\mathrm{d}^2 v_{\mathrm{c}}(x)}{\mathrm{d}x^2} = -\frac{1}{E_{\mathrm{c}}I_{\mathrm{c}}}M_{\mathrm{c}}(x) - \frac{1}{G_{\mathrm{c}}\alpha A_{\mathrm{c}}}b_{\mathrm{pf}}\sigma(x) \tag{5-39}$$

$$\frac{\mathrm{d}M_{\mathrm{c}}(x)}{\mathrm{d}x} = Q_{\mathrm{c}}(x) - b_{\mathrm{pf}}y_{\mathrm{c}}\tau(x) \tag{5-40}$$

$$\frac{\mathrm{d}Q_{\mathrm{c}}(x)}{\mathrm{d}x} = -b_{\mathrm{pf}}\sigma(x) \tag{5-41}$$

对于 CFRP 板有：

$$\frac{\mathrm{d}^2 v_{\mathrm{p}}(x)}{\mathrm{d}x^2} = -\frac{1}{E_{\mathrm{pf}}I_{\mathrm{pf}}}M_{\mathrm{p}}(x) + \frac{1}{G_{\mathrm{pf}}\alpha A_{\mathrm{pf}}}b_{\mathrm{pf}}\sigma(x) \tag{5-42}$$

$$\frac{\mathrm{d}M_{\mathrm{p}}(x)}{\mathrm{d}x^2} = Q_{\mathrm{p}}(x) - b_{\mathrm{pf}}y_{\mathrm{pf}}\tau(x) \tag{5-43}$$

$$\frac{\mathrm{d}Q_{\mathrm{p}}(x)}{\mathrm{d}x^2} = b_{\mathrm{pf}}\sigma(x) \tag{5-44}$$

将以上几式整理后，可得到：

$$\frac{\mathrm{d}^4\sigma(x)}{\mathrm{d}x^4} - a_{14}\frac{\mathrm{d}^2\sigma(x)}{\mathrm{d}x^2} + a_{15}\sigma(x) + a_{16}\frac{\mathrm{d}\tau}{\mathrm{d}x} = 0 \tag{5-45}$$

其中

$$a_{14} = \frac{E_a b_{pf}}{t_a \alpha}\left(\frac{1}{G_{pf}A_{pf}} + \frac{1}{G_c A_c}\right)$$

$$a_{15} = \frac{E_a b_{pf}}{t_a}\left(\frac{1}{E_{pf}I_{pf}} + \frac{1}{E_c I_c}\right)$$

$$a_{16} = \frac{E_a b_{pf}}{t_a}\left(\frac{y_c}{E_c I_c} - \frac{y_{pf}}{E_{pf}I_{pf}}\right)$$

式(5-29)和式(5-45)对应如下边界条件：

$$\frac{d\tau}{dx}\bigg|_{x=0} = \frac{E_a}{h_a}\left[-\frac{y_c}{E_c I_c}M_T(0) + \left(\frac{y_{pf}}{G_{pf}A_{pf}} - \frac{y_c}{G_c A_c}\right)\frac{b_{pf}}{\alpha}\sigma(0) - \frac{y_c}{G_c A_c \alpha}q(0)\right]$$

$$\frac{d^2\sigma}{dx^2}\bigg|_{x=0} = \frac{E_a}{h_a}\left[\frac{M_T(0)}{E_c I_c} + \left(\frac{1}{G_{pf}A_{pf}} - \frac{1}{G_c A_c}\right)\frac{b_{pf}}{\alpha}\sigma(0) + \frac{1}{G_c A_c \alpha}q(0)\right]$$

$$\frac{d^3\sigma}{dx^3}\bigg|_{x=0} = \frac{E_a}{h_a}\left[\frac{M_T(0)}{E_c I_c} + \left(\frac{y_{pf}}{E_{pf}I_{pf}} - \frac{y_c}{E_c I_c}\right)b_{pf}\tau(0) + \right.$$

$$\left. \frac{V_T(0)}{E_c I_c} + \left(\frac{1}{G_{pf}A_{pf}} + \frac{1}{G_c A_c}\right)\frac{b_1}{\alpha}\frac{d\sigma}{dx}\bigg|_{x=0}\right]$$

表 5-8 是外贴 CFRP 板加固混凝土梁的极限荷载及对应情况下 CFRP 板表面的剪应力值。依据该表的数据通过回归可以得到 CFRP 板-混凝土界面的平均剪应力 τ_{ave} 与界面剥离承载力 P_u 的一般表达式为：

表 5-8　各梁极限荷载及测算得到的 CFRP 板表面剪应力

梁编号	极限荷载 (kN)	τ_{ave} (N/mm²)	Δ_{CD} (mm)	τ'_{ave} (N/mm²)	备注
EBR1	120	0.833	3.124	0.989	参数的获取与表 5-5 相同
EBR2	120	0.833	3.016	0.943	
EBR3	110	0.844	2.994	0.930	
EBR4	110	0.720	2.832	0.911	

$$\tau_{ave} = (l_1)^{0.5}/30$$

$$P_u = \tau_{ave} \cdot b_p \cdot l_1$$

其中,l_1 为 CFRP 板与混凝土的黏结长度(mm);b_p 为 CFRP 板与混凝土的粘贴宽度(mm)。

本 章 小 结

通过内嵌 CFRP 筋加固混凝土梁和外贴 CFRP 板加固混凝土梁界面特性分析及改进试验,取得了如下初步研究结论:

(1)为获取 CFRP 加固的混凝土梁界面的特性参数,采取在被加固混凝土梁纯弯段部分切除表层混凝土构建宽缺口梁的工法是可行的,用宽缺口混凝土梁来研究界面特性,CFRP 的受力明确、CFRP 的应变测试尤其是界面的平均剪应力测试方便且符合混凝土梁的实际受力情况,宽缺口混凝土梁也可用于研究加固混凝土梁的断裂特性。

(2)CFRP-混凝土界面的黏结-滑移特性曲线呈现明显的非线性特征,基本上呈抛物线形状,通过一段陡峭、斜率很大的上升段,黏结应力很快达到极大值,当黏结应力达到极限黏结应力的 30%～40%时,曲线斜率随着黏结应力的增加持续下降。

(3)在同样的剪切应力作用下,胶粘剂内聚体的剪切应变是混凝土(C30)剪切应变的 7.5 倍。在外贴 CFRP 加固混凝土梁的情况下,厚度为 2mm 的胶粘剂内聚体的剪切变形量是界面内侧混凝土剪切变形的 3 倍。而在内嵌 CFRP 筋材的情况下,厚度为 6mm 的胶粘剂内聚体的剪切变形是界面外侧混凝土剪切变形的 9 倍,即混凝土的剪切变形引起的界面剪切滑移量只占界面总剪切滑移量的 10%。

(4)CFRP 与胶粘剂内聚体界面上的平均剪应力随外荷载的

增加而呈线性增加,内嵌情况下,平均剪应力最大值达到近 3MPa;外贴情况下平均剪应力最大值有 0.9MPa。相比之下,由于内嵌受剪面积大,握裹力强,CFRP 筋与外围胶粘剂内聚体的有效黏结力强,而 CFRP 板只有一个面参与胶结,其黏结剪应力相对较小。

(5) 从实测的 CFRP 与胶粘剂界面的剪应力分布情况看,从宽缺口槽边缘开始,剪应力分布随其距槽边缘的距离的不同,其分布曲线呈凸形分布。内嵌情况下,在距凹槽边 25～30cm 时剪应力出现极大值;在外贴情况下,在距槽边 10～15cm 时剪应力出现极大值。

内嵌 CFRP 筋加固宽缺口
混凝土梁断裂特性研究

6.1 引　言

在混凝土梁加固工程中,待加固的混凝土构件或结构往往包含有初始裂缝,前述的经改进后的 CFRP 筋材或板材加固梁底部带凹槽的混凝土梁,在凹槽直角处也存在较大的应力集中,在外荷载的作用下,裂缝会首先在应力集中处发生并扩展。已有的关于 CFRP 加固混凝土的强度试验和黏结-滑移试验表明,宽缺口混凝土梁在受拉(剪)应力状态下产生断续损伤裂纹,随着应力的变化其裂纹起裂、扩展、贯通对混凝土梁的物理、力学性能产生显著的影响,它可以导致混凝土梁的强度逐渐弱化直至发生断裂破坏;而处于临界破坏拉剪应力场中的混凝土,裂纹的劣化、断裂还有加剧、突变的趋势。在混凝土梁受到过大的荷载时,存在着大量的断裂裂纹,有宏观的,也有微观的,这些裂纹的存在,使得混凝土的力学性质如弹性模量、抗剪、抗压等表现出复杂的力学特性。

关于拉应力条件下 I 型裂纹对混凝土梁强度的影响,国内外已做了大量的理论与试验研究,但是在拉剪应力条件下,CFRP 筋加固的宽缺口混凝土梁的复合断裂研究还没有展开,其研究文献资料也不多见。

本章试图在已有的拉应力条件下对 I 型断裂破坏的特征进行研究的基础上,运用断裂力学理论和数值计算技术,考虑拉剪状态下裂纹尖端应力场的影响和裂纹扩展方向,结合前期被加固梁试验研究成果,从理论上分析拉剪应力作用下I、II型裂纹的应力强度因子和主裂纹扩展角,并分析内嵌 CFRP 筋加固的宽缺口混凝土梁的拉剪起裂、分支裂纹的扩展、贯通破坏等规律,为进一步研究内嵌 CFRP 加固混凝土梁的强度特性、损伤特性和断裂特性奠定理论基础。

6.2　内嵌 CFRP 筋加固宽缺口混凝土梁断裂试验

混凝土断裂试验通常在室内进行,主要测试参数为混凝土的断裂韧度和扩展角的方向与大小,它的试验技术及参数处理比混凝土的其他物理力学参数试验要复杂。混凝土断裂试验的主要方法有紧凑拉伸、双扭、三点弯曲、劈裂等方法,其中三点弯曲具有优越性,已成为一种测试混凝土断裂韧度的常用方法。本章的断裂试验,是在混凝土梁的顶部对称施加两个集中荷载,通过荷载传递,在梁的主裂纹面上产生正应力和剪应力,通过梁底部两支座约束,形成四点弯曲断裂试验条件,其示意图见图 6-1。

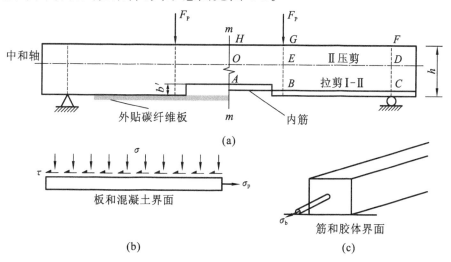

图 6-1　四点弯梁裂缝扩展类型分区

6.2.1　试验加载方式

混凝土材料裂纹试件的断裂试验在电液伺服结构加载试验系统和英国产输力强 35951B 型数据采集系统上进行,试验加载采用逐级加载方式,该加载方式速度慢,可以克服加载过程中混凝土试样的突然断裂,无法获得该试件的断裂韧度。控制加载速度可以观测到试样裂纹的扩展和贯通的全过程。

6.2.2　试验步骤

为了避免混凝土试样因应力集中对加载引起的劈裂破坏,设计加工了一垫板,放置在混凝土梁的上部加载位置。为了研究逐级加载过程中上述裂纹尖端的应力应变集中现象,在裂纹的尖端位置粘贴电阻应变片,具体见图 6-2。同时为了研究拉剪应力条件下裂纹变化的全过程,试验过程中,不仅测量了裂纹尖端附近韧带区和支点、中心轴线上若干点的应变,还分别测量了裂纹中心的滑动位移和 COD 值(裂缝张开位移)。

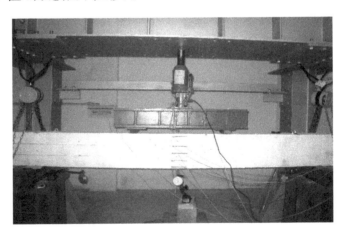

图 6-2　试验装置

6.2.3 试验结果分析

图 6-3、图 6-4 给出了参加试验的被加固混凝土梁裂缝情况分布图,可以看出,经内嵌 CFRP 筋加固后的混凝土梁其混凝土的开裂属于拉剪型破坏。在加载初期,在梁的底部混凝土中首先形成宏观的微裂纹,随着荷载的增加,裂纹的数量渐渐增多,长度也有所加长,当荷载继续增加到 80kN 时,在梁的加载点与支座位置连线上形成主裂纹,随着荷载的进一步加大,主裂纹沿加载点区域贯通,其主裂缝的扩展角大约为 60°。

图 6-3 NSMK1 梁裂纹扩展分布图

图 6-4 NSMK2 梁裂纹扩展分布图

注:试验梁中所标注 π 即为文中所指宽缺口梁

6.3 内嵌 CFRP 筋加固混凝土梁的断裂数值模拟

前一节所做的断裂试验只是对内嵌加固混凝土梁的裂缝发展及宏观断裂特性进行了表面的研究,得到了加固混凝土梁裂纹扩展的分布图形和宏观的裂纹扩展角。要对内嵌 CFRP 加固的混凝土梁的断裂特性进行数值模拟研究,通常的做法是在有限的范围内对混凝土梁结构进行离散化。针对内嵌 CFRP 加固混凝土梁的试验破坏现象及原理,初步建立加固后混凝土梁裂纹处的钢筋和 CFRP 筋的力学分析模型,把钢筋和 CFRP 筋对混凝土的作用假想为两对集中力。当钢筋位于混凝土的弹性区时则认为钢筋和混凝土连为一体;当钢筋和 CFRP 筋与混凝土中的裂纹相交时,主要考虑 CFRP 筋与混凝土之间存在剥离的区段。同时依据直线型混凝土拉应变软化模型,在开裂区各个节点上设置无体积、无长度的虚拟弹簧,对内嵌 CFRP 筋加固混凝土梁四点弯试件的断裂过程进行有限元数值分析。初步的模拟结果显示,CFRP 筋对混凝土梁裂缝扩展有明显的抑制作用,CFRP 筋距离裂缝尖端越近,筋材的限裂作用越大,CFRP 筋与混凝土黏结-滑移用有限元中的 COMBIN 单元模拟是合适的。鉴于内嵌 CFRP 筋混凝土梁复合裂纹的研究属混凝土断裂力学的前瞻问题,研究具有挑战性,又加上试验条件、文献资料和作者水平有限,目前的数值计算结果还不十分完善。本节主要从理论上推导出了拉剪应力条件下,宽缺口素混凝土梁复合裂纹的应力强度因子计算式和裂纹扩展方向及扩展角的解析式,由加筋混凝土梁的断裂试验和数值模拟,对梁的复合裂纹扩展方向和扩展角的大小进行了分析,获得了宽缺口素混凝土梁及含单边裂纹的宽缺口混凝土梁模拟的垂直位移、最大主应力、剪应变率和塑性区的分布情况,确保断裂试验和数值计算的有效性和实用性。

6.3.1　宽缺口混凝土梁的断裂特性分析

如图 6-1 所示,以中分线 m—m 为界,左边示出了外贴 CFRP 板加固混凝土梁的情况,右边示出了内嵌 CFRP 筋加固混凝土梁的情况。在 $OEGH$ 区域内,混凝土处在纯压应力状态,在混凝土未被压坏的情况下混凝土处在纯压力状态,受压屈服时会出现压剪裂缝;在 *OEBA* 区域内,混凝土处于纯拉伸状态,其裂缝形态为Ⅰ型裂缝,正应力使裂缝沿其尖端扩展;在 *EDFG* 区域,混凝土处于压剪状态,其裂缝形态以Ⅱ型裂缝为主;而在 *EDCB* 区域,混凝土处于受拉和受剪双重作用下,混凝土裂缝为I-Ⅱ复合型裂缝,梁内箍筋会延缓裂缝的开裂。而对于混凝土、胶粘剂及 CFRP 界面来说,左边 CFRP 板与混凝土梁的宏观界面上[图 6-1(b)],界面受到剪力和正应力的双重作用,剪应力 τ 使界面受剪切,在界面上产生的裂缝属Ⅱ型扩展形态,正应力 σ 使界面产生张开剥离,其裂缝的扩展形态为Ⅰ型,所以 CFRP 板与混凝土梁界面上的裂缝扩展形态为I-Ⅱ复合型;右边 CFRP 筋与胶粘剂内聚体及胶粘剂内聚体与槽边混凝土两个界面上的受力形态是一样的[图 6-1(c)],CFRP 筋与胶粘剂内聚体界面主要受剪切滑动力的作用,同时受界面上正应力的作用,界面上的裂缝扩展形态以Ⅱ型为主,兼有Ⅰ型扩展形态。

在传统的构件设计中,首先要对构件进行应力分析,求出构件中的最大应力和位移,然后根据所选材料的强度进行强度设计和变形验算,但当构件已经有裂纹或在使用过程中构件出现裂缝时,则要进行断裂力学分析,求出裂缝尖端附近的应力、位移场以及应力场强度因子,再根据材料的断裂韧度进行构件的寿命估计或确定构件允许出现的裂缝长度。

6.3.2 混凝土断裂理论模型

在二维平面问题中,裂缝尖端附近局部区域应力场的普遍表达式为[258,259]:

$$\sigma_{ij} = \frac{K}{\sqrt{2\pi r}} f_{ij}(\theta) \tag{6-1}$$

当裂缝尖端 $r \to 0$,应力状态有奇异性,在 $r \to 0$ 处应力 σ_{ij} 以某种方式趋向无限大。因此,用裂缝尖端处应力值无法建立材料的断裂判据,$f_{ij}(\theta) \leqslant 1$,而参数 K 在某种程度上能够反映裂缝尖端附近局部区域弹性应力场的强弱情况。当裂缝尖端坐标 r 确定后,应力场 σ_{ij} 的大小就完全由 K 来决定,K 是决定应力场强度的主要因素,被称作应力场强度因子。研究表明,K 和裂缝大小、形状及应力大小有关,其数学表达式为:

$$K = \lim_{r \to 0} \sqrt{2\pi r}(\sigma_{ij})_\theta = 0 \tag{6-2}$$

当裂缝形状、大小一定时,K 随着应力的增大而增大;当 K 值增大到某一临近值 K_c 时,就能使裂缝前端某一区域的内应力 σ_{ij} 大到足以使材料分离,从而导致裂缝失稳扩展,构件断裂。此时裂缝失稳扩展临界状态所对应的应力强度因子 K_c 称为临界应力场强度因子,它就是材料的断裂韧度。

对于图 1-8 所示裂缝的三种基本类型,图 1-8(a)所示为张开型裂缝(Ⅰ型),正应力 σ 与裂缝面垂直,在 σ 作用下裂缝尖端张开,且扩展方向和 σ 垂直,如混凝土受弯梁,当其纯弯段受拉区存在一个与拉应力相垂直的竖向裂缝时,裂缝张开并沿竖向扩展,其裂缝尖端附近的应力场和位移场为:

$$\left.\begin{aligned}
\sigma_x &= \frac{K_{\text{I}}}{\sqrt{2\pi r}}\cos\frac{\theta}{2}\left(1 - \sin\frac{\theta}{2}\sin\frac{3\theta}{2}\right) \\
\sigma_y &= \frac{K_{\text{I}}}{\sqrt{2\pi r}}\cos\frac{\theta}{2}\left(1 + \sin\frac{\theta}{2}\sin\frac{3\theta}{2}\right) \\
\tau_{xy} &= \frac{K_{\text{I}}}{\sqrt{2\pi r}}\sin\frac{\theta}{2}\cos\frac{\theta}{2}\cos\frac{3\theta}{2} \\
K_{\text{I}} &= \sigma\sqrt{\pi a}
\end{aligned}\right\} \tag{6-3}$$

以及

$$\left.\begin{aligned}
u &= \frac{K_{\text{I}}}{\mu(1+v')}\sqrt{\frac{r}{2\pi}}\cos\frac{\theta}{2}\left[(1-v') + (1+v')\sin^2\frac{\theta}{2}\right] \\
v &= \frac{K_{\text{I}}}{\mu(1+v')}\sqrt{\frac{r}{2\pi}}\sin\frac{\theta}{2}\left[2 - (1+v')\cos^2\frac{\theta}{2}\right]
\end{aligned}\right\} \tag{6-4}$$

对于平面应力:

$$\sigma_z = 0 , v' = v$$

对于平面应变：

$$\sigma_z = v(\sigma_x + \sigma_y) , v' = \frac{v}{1-v}$$

定义裂缝扩展单位面积所耗散的能量为能量释放率 G，对于 I 型裂缝有：

$$G_{\mathrm{I}} = \begin{cases} \dfrac{K_{\mathrm{I}}^2}{E} & \text{（平面应力）} \\[3mm] \dfrac{1-v^2}{E} K_{\mathrm{I}}^2 & \text{（平面应变）} \end{cases} \qquad (6\text{-}5)$$

对于滑开型裂缝（II 型），在平行裂缝面的剪应力 τ 作用下，裂缝滑移扩展，成为滑开型裂缝。II 型裂缝应力场的强度因子为：

$$K_{\mathrm{II}} = \tau \sqrt{\pi a} \qquad (6\text{-}6)$$

式中 a——裂缝长度的一半。

其裂缝尖端附近的应力场和位移场：

$$\left.\begin{array}{l} \sigma_x = \dfrac{-K_{\mathrm{II}}}{\sqrt{2\pi r}} \sin \dfrac{\theta}{2} \left(2 + \cos \dfrac{\theta}{2} \cos \dfrac{3\theta}{2} \right) \\[3mm] \sigma_y = \dfrac{K_{\mathrm{II}}}{\sqrt{2\pi r}} \cos \dfrac{\theta}{2} \sin \dfrac{\theta}{2} \cos \dfrac{3\theta}{2} \\[3mm] \sigma_{xy} = \dfrac{K_{\mathrm{II}}}{\sqrt{2\pi r}} \cos \dfrac{\theta}{2} \left(1 - \sin \dfrac{\theta}{2} \sin \dfrac{3\theta}{2} \right) \end{array}\right\} \qquad (6\text{-}7)$$

$$u = \frac{K_{\mathrm{II}}}{\mu(1+v')} \sqrt{\frac{r}{2\pi}} \sin \frac{\theta}{2} \left[2 + (1+v') \cos^2 \frac{\theta}{2} \right]$$

$$v = \frac{K_{\mathrm{II}}}{\mu(1+v')} \sqrt{\frac{r}{2\pi}} \cos \frac{\theta}{2} \left[(-1+v') + (1+v') \sin^2 \frac{\theta}{2} \right]$$

其能量释放率为：

$$G_{\mathrm{II}} = \begin{cases} \dfrac{K_{\mathrm{II}}^2}{E} & \text{（平面应力）} \\[3mm] \dfrac{1-v^2}{E} K_{\mathrm{II}}^2 & \text{（平面应变）} \end{cases} \qquad (6\text{-}8)$$

对于撕开型裂缝（Ⅲ型），在剪应力作用下裂缝上下错开，裂缝沿原来的方向向前扩展，其强度因子、应力场和位移场为：

$$\left.\begin{aligned}
K_{\text{Ⅲ}} &= \tau\sqrt{\pi a} \\[4pt]
\tau_{\text{xz}} &= \frac{-K_{\text{Ⅲ}}}{\sqrt{2\pi r}}\sin\frac{\theta}{2} \\[4pt]
\tau_{\text{yz}} &= \frac{K_{\text{Ⅲ}}}{\sqrt{2\pi r}}\cos\frac{\theta}{2} \\[4pt]
w &= \frac{K_{\text{Ⅲ}}}{\mu}\sqrt{\frac{2\pi}{r}}\sin\frac{\theta}{2}
\end{aligned}\right\}
\qquad (6\text{-}9)$$

$u=v=0, w=w(x,y)$ 为 z 方向的位移。

Ⅲ型裂缝能量释放率：

$$G_{\text{Ⅲ}} = \frac{1+v}{E}K_{\text{Ⅲ}}^{2} \qquad (6\text{-}10)$$

如果构件内的裂缝同时受到正应力和剪应力的作用，（图 6-1 $EDCB$ 区域）就同时存在Ⅰ型和Ⅱ型裂缝，称其为复合型裂缝。工程结构中张开型裂缝（Ⅰ型）是最危险的，因此，实际裂缝即使是复合型裂缝，也把它作为Ⅰ型裂缝来处理，这在分析复合型裂缝尖端应力场时，会带来较大误差，必须特别关注复合型裂缝的应力场。

对Ⅰ-Ⅱ复合型裂缝，在平面问题中，利用Ⅰ-Ⅱ复合型裂缝尖端应力计算结果和叠加原理，可以得到Ⅰ-Ⅱ复合型裂缝尖端附近应力的极分量（图 6-5）为：

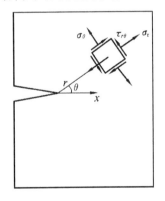

图 6-5　裂缝尖端应力的极分量

$$\left.\begin{aligned} \sigma_r &= \frac{1}{2\sqrt{2\pi r}}\left[K_{\mathrm{I}}(3-\cos\theta)\cos\frac{\theta}{2}+K_{\mathrm{II}}(3\cos\theta-1)\sin\frac{\theta}{2}\right] \\[2mm] \sigma_\theta &= \frac{1}{2\sqrt{2\pi r}}\cos\frac{\theta}{2}\left[K_{\mathrm{I}}(1+\cos\theta)-3K_{\mathrm{II}}\sin\theta\right] \\[2mm] \tau_{r\theta} &= \frac{1}{2\sqrt{2\pi r}}\cos\frac{\theta}{2}\left[K_{\mathrm{I}}\sin\theta+K_{\mathrm{II}}(3\cos\theta-1)\right] \end{aligned}\right\}$$

$$(6\text{-}11)$$

对于 I、II、III 型混合型裂缝问题,当裂缝沿平面本身扩展,则可直接将 I、II、III 型裂缝的能量释放率相叠加,由此可得到混合型裂缝能量释放率 G 为:

$$G = \begin{cases} \dfrac{1-v^2}{E}(K_{\mathrm{I}}^2+K_{\mathrm{II}}^2)+\dfrac{1+v}{E}K_{\mathrm{III}}^2 & \text{(平面应变状态)} \\[3mm] \dfrac{1}{E}(K_{\mathrm{I}}^2+K_{\mathrm{II}}^2)+\dfrac{1+v}{E}K_{\mathrm{III}}^2 & \text{(平面应力状态)} \end{cases}$$

$$(6\text{-}12)$$

在实际混凝土结构中,复合型裂缝是常见的,裂缝在什么情况下会发生失稳扩展,其扩展方向如何? 这就需要建立相应的复合型裂缝的断裂判据。对于 I 型裂缝,它总是沿着原来的裂缝面向前扩展;对于复合型裂缝,其扩展方向一般与原来裂缝方向成 θ 角(图 6-5)。复合型裂缝扩展时,扩展方向是 σ_θ 取最大值的方向,当 σ_θ 的最大值达到临界值 σ_c 时,裂缝开始失稳扩展。由式(6-11)中第二式对 θ 求导,并令 $\dfrac{\partial \sigma_\theta}{\partial \theta}=0$ 有:

$$K_{\mathrm{I}}\sin\theta_0+K_{\mathrm{II}}(3\cos\theta_0-1)=0 \qquad (6\text{-}13)$$

由式(6-13)解得的 θ_0 就是 σ_θ 取最大值的方向,也就是裂缝开始扩展的方向,因而 θ_0 称为断裂角,有:

$$\theta_0 = \sin^{-1}\left[\frac{K_{\mathrm{II}}(K_{\mathrm{I}}\pm 3\sqrt{K_{\mathrm{I}}^2+8K_{\mathrm{II}}^2})}{K_{\mathrm{I}}^2+9K_{\mathrm{II}}^2}\right] \qquad (6\text{-}14)$$

将 $\theta=\theta_0$ 代入式(6-11)有:

$$\sigma_{\theta max} = \frac{1}{2\sqrt{2\pi r}}\cos\frac{\theta_0}{2}\left[K_{\mathrm{I}}(1+\cos\theta_0)-3K_{\mathrm{II}}\sin\theta_0\right] \quad (6-15)$$

临界值 σ_c 可利用 I 型裂缝的断裂韧度 K_{IC} 来确定,此时,$\theta_0 = 0,K_{\mathrm{II}}=0,K_{\mathrm{I}}=K_{\mathrm{IC}}$,代入式(6-15)有:

$$\frac{1}{2}\cos\frac{\theta_0}{2}\left[K_{\mathrm{I}}(1+\cos\theta_0)-3K_{\mathrm{II}}\sin\theta_0\right]=K_{\mathrm{IC}} \quad (6-16)$$

式(6-16)就是按最大拉应力理论建立起来的复合型裂缝的断裂判据,即最大拉应力判据。

6.3.3　宽缺口混凝土梁的数字计算结果

数值模拟采用功能强大的有限差分软件 FLAC3D 和大型有限元软件 ANSYS 10.0 进行研究,首先在 AutoCAD 2008 中形成 ANSYS 图形文件,导入 ANSYS 软件中。完成建模前处理后,运用接口程序形成 FLAC 模型文件,经过有限差分软件计算形成后处理文件,输出计算结果。其中混凝土梁的计算范围、加载方式和物理力学参数见图 6-1 及图 6-6。

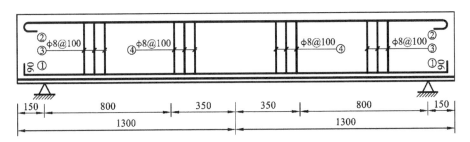

图 6-6　梁的计算范围(mm)

模型的网格划分见图 6-7。采用六面体有限差分单元,模型共划分为 2600 个单元,3498 个节点。边界条件为两支座位置处实现垂直位移和水平位移约束,其余均为自由边界。数值模拟最终加载为 140kN。

（1）垂直位移

被加固混凝土梁垂直位移的分布模拟结果如图 6-8 所示,垂直

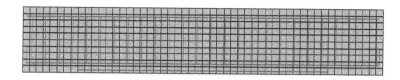

图 6-7　网格划分图

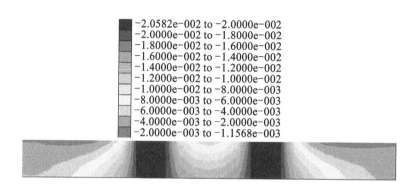

图 6-8　垂直位移等值线图(一)(m)

位移主要为指向下方的负位移,关于加载点对称分布,其中最小垂直位移值为 1.15mm,主要分布在梁两端的上部,最大垂直位移为 2.06mm,沿垂直方向分布,且沿左右两个方向逐渐减小。

(2)最大主应力

被加固混凝土梁最大主应力分布模拟结果如图 6-9 所示,最大主压应力集中在两个对称加载点附近,主压应力大小分布由加载点向梁两端逐渐减小,最小值为 2000kPa,主要散布在梁两端的上角部;最大值为 11.6MPa,主要分布在梁上部加载局部位置处,在该位置处沿垂直方向主应力逐渐降低。

(3)剪应变率

被加固混凝土梁剪应变率分布情况如图 6-10 所示,其剪应变率最小值为 8.8×10^{-8},主要分布在梁的两端和梁的中间点范围;最大值为 4×10^{-5},主要分布在顶部加载点位置和支座位置处(有贯通的趋势),该位置有应力集中,计算结果与现实情况较吻合。

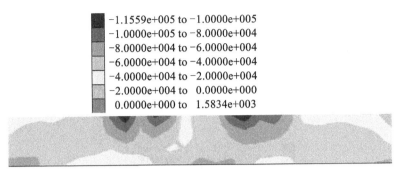

图 6-9　最大主应力等值线图（一）（100MPa）

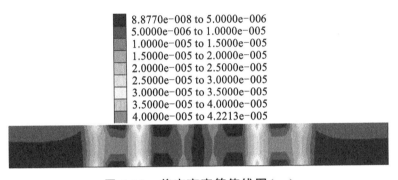

图 6-10　剪应变率等值线图（一）

（4）塑性区分布

从图 6-11 可以获得塑性区的分布特点：塑性区主要表现为拉、剪塑性区，在梁的两端不存在贯通的塑性区，在梁的支座到端部也没有贯通的塑性区，但是从支座到加载点位置有贯通的拉剪塑性区存在，这是梁破坏的主要区域。

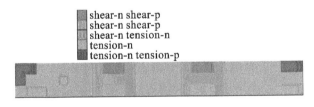

图 6-11　塑性区分布图（一）

6.3.4　内嵌 CFRP 筋加固宽缺口混凝土梁的模拟结果

模型的网格划分如图 6-12 所示。采用六面体有限差分单元，同样也把模型划分为 2540 个单元、3368 个节点。边界条件为两支座位置处实现垂直位移和水平位移约束，其余均为自由边界。数值模拟加载为 3MPa。

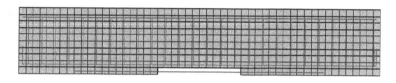

图 6-12　网格划分（一）（NSMK CFRP 筋）

（1）垂直位移

采用内嵌 CFRP 筋加固的宽缺口混凝土梁垂直位移如图 6-13 所示，垂直位移主要为指向下方的负位移，分布比较对称，其中最小垂直位移值为 0.2mm，主要分布在梁的两端；最大垂直位移为 1.4mm，主要分布在宽缺口梁的凹槽附近，沿凹槽边沿位置左右两个方向逐渐减小。

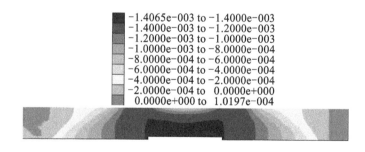

```
-1.4065e-003 to -1.4000e-003
-1.4000e-003 to -1.2000e-003
-1.2000e-003 to -1.0000e-003
-1.0000e-003 to -8.0000e-004
-8.0000e-004 to -6.0000e-004
-6.0000e-004 to -4.0000e-004
-4.0000e-004 to -2.0000e-004
-2.0000e-004 to  0.0000e+000
 0.0000e+000 to  1.0197e-004
```

图 6-13　垂直位移等值线图（二）（m）

（2）最大主应力

内嵌 CFRP 筋加固的宽缺口混凝土梁最大主应力的分布如图 6-14

所示,最大主压应力的最小值为 1MPa,主要分布在梁的两端和凹槽周边范围内,最大主压应力的最大值为 2.6MPa,主要分布在梁上部加载点局部位置处,在该位置处沿垂直方向主应力逐渐减小。最大主拉应力的最小值为 0.5MPa,主要分布在梁的顶部,最大主拉应力的最大值为 1.6MPa,主要分布在梁顶部的中间到加载点范围。

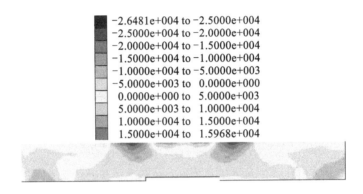

图 6-14　最大主应力等值线图(二)(100MPa)

(3) 剪应变率

图 6-15 示出了内嵌 CFRP 筋加固的宽缺口混凝土梁剪应变率的分布情况,剪应变率分布比较均匀,范围为 $1 \times 10^{-7} \sim 6.7 \times 10^{-7}$,最大值主要分布在梁顶部的中间范围,最小值主要沿支座到加载点的位置分布,这也是该类梁将产生破坏的范围。

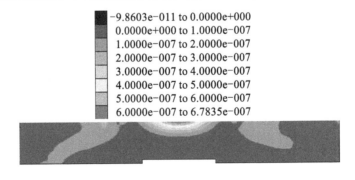

图 6-15　剪应变率等值线图(二)

（4）塑性区的分布

内嵌 CFRP 筋加固的宽缺口混凝土梁塑性区分布如图 6-16 所示，塑性区主要表现为剪、拉塑性区，但是整段梁不存在贯通的塑性区，说明采用内嵌 CFRP 筋加固宽缺口混凝土梁的效果是显著的。从宏观上看，剪拉塑性区沿被加固混凝土梁长度方向呈加固压力拱形，拉应力塑性区主要沿混凝土凹槽周边呈扇形展开，向梁两端延伸到被加固梁支座处，并且没有贯通的塑性区存在，加固效果好。

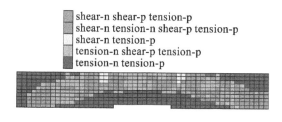

图 6-16　塑性区分布图（二）

6.3.5　内嵌 CFRP 筋加固含单边裂纹宽缺口梁模拟

模型的网格划分见图 6-17。采用六面体有限差分单元，模型共划分为 26000 个单元、34386 个节点。边界条件为两支座位置处实现垂直位移和水平位移约束，其余均为自由边界。数值模拟加载为 3MPa。

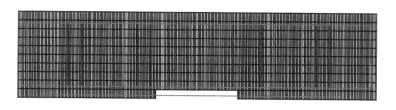

图 6-17　网格划分（二）（NSMK CFRP 筋）

主要对加固混凝土梁的剪应变率分布特点和塑性区的分布进

行了数值模拟,计算结果如图 6-18 和图 6-19 所示。

图 6-18　剪应变率分布图

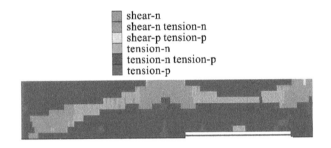

shear-n
shear-n tension-n
shear-p tension-p
tension-n
tension-n tension-p
tension-p

图 6-19　　塑性区分布图(三)

(1) 剪应变率

从图 6-18 可以看到剪应变率的分布特点:剪应变率主要沿支座到加载点和梁顶端的中部分布,在主裂纹顶端形成 58°的扩展角,此即主裂纹的扩展方向,这也是该梁将发生破坏的区域。数值计算结果与试验和理论结果较吻合。

(2) 塑性区的分布

从图 6-19 可以获得塑性区的分布特点:塑性区主要表现为拉、剪塑性区,在梁的两端和凹槽处没有贯通的塑性区,但是从支座到加载点位置有贯通的拉剪塑性区存在,这是被加固梁产生破坏的主要区域。

本 章 小 结

（1）通过理论推导，得出了拉剪应力条件下，宽缺口素混凝土梁裂纹张开和闭合情况下，Ⅰ、Ⅱ型裂纹尖端的应力强度因子计算式和扩展角的解析式。

（2）通过翼型裂纹尖端应力强度因子的叠加模型，得到了有效剪应力作用下翼型裂纹扩展的方向。

（3）通过断裂试验观察和数值模拟分析，得到了宽缺口混凝土梁四点弯曲条件下的裂纹扩展方向、扩展角和垂直位移、最大主应力、剪应变率及塑性区的分布特征，综合理论和试验情况看，理论推导、试验研究和数值分析所得到的被加固梁主裂纹的扩展方向和扩展角的大小吻合较好。

参 考 文 献

[1] 陈肇元.要大幅度提高建筑结构设计的安全度[J].建筑结构，1999(1)：3-6.

[2] 熊光晶，傅剑波，马晓升.纤维复合材料加固混凝土研发方向的讨论[J].建筑技术开发，2004，31(5)：69-71.

[3] 曾宪桃.粘贴玻璃钢板加固混凝土梁动静载行为研究及其徐变特性分析[D].成都：西南交通大学，1998.

[4] 杨勇新.碳纤维布与混凝土的粘结性能及其加固混凝土受弯构件的破坏机理研究[D].天津：天津大学，2001.

[5] 方恩权.碳纤维布与混凝土界面粘结性能试验研究[D].郑州：郑州大学，2005.

[6] 符怡.CFRP混凝土结构中若干力学问题的理论分析及实验研究[D].天津：天津大学，2008.

[7] NAKABA K，KANAKUBO T，FURUTA T，et al. Bond behavior between fiber-reinforced polymer laminates and concrete [J]. ACI Structural Journal，2001，98(3)：359-367.

[8] DAI J G，UEDA T. Local bond stress slip relations for FRP sheets-concrete interfaces[C] //Proc. 6th Int. Symp. on FRP Reinforcement for Concrete Structures. Singapore：World Scientific Publishing Company，2003：143-152.

[9] DAI J G. A nonlinear bond stress-slip relationship for FRP sheet-concrete interface[C] //Proc. of international symposium on latest achievement of technology and research on retrofitting concrete structures. Kyoto：[s. n.]，2003：113-120.

[10] MONTI G，RENZELLI M，LUCIANI P. FRP adhesion in uncracked and cracked concrete zones[C] // Fiber-reinforced polymer reinforcement for concrete structures——the sixth international symposium on FRP reinforcement for concrete structures. Singapore：World Scientific

Publishing Company,2003:183-192.

[11] NEUBAUER U, ROSTASY F S. Bond failure of concrete fiber reinforced polymer plates at inclined cracks-experiments and fracture mechanics model [C] // International symposium on fiber reinforced polymer reinforcement for reinforced concrete structures. 1999:369-382.

[12] WU Z J, DAVIES J M. Mechanical analysis of a cracked beam reinforced with an external FRP plate[J]. Composite Structures, 2003, 62(2): 139-143.

[13] WU Z J, BAILEY C G. Fracture resistance of a cracked concrete beam post-strengthened with FRP sheets [J]. International Journal of Fracture, 2005, 135(1):35-49.

[14] WU Z J, YE J Q. Strength and fracture resistance of FRP reinforced concrete flexural members[J]. Cement & Concrete Composites, 2003, 25(2):253-261.

[15] ALAEE F J, KARIHALOO B L. Fracture model for flexural failure of beams retrofitted with CARDIFRC [J]. Journal of Engineering Mechanics, 2003, 129(9):1028-1038.

[16] LEUNG C K Y. Delamination failure in concrete beams retrofitted with a bonded plate[J]. Journal of Materials in Civil Engineering, 1998, 13 (2):106-113.

[17] 岳清瑞. 纤维增强塑料(FRP)在土木工程结构中应用技术的进展[C] // 全国土木工程用纤维增强复合材料. 2002.

[18] 李宏男, 赵颖华, 黄承逵. 纤维增强复合材料在土木工程中研究与应用 [C] // 全国土木工程用纤维增强复合材料. 2002.

[19] SAADATMANESH H, EHSANI M R. RC beams strengthened with GFRP plates. I : experimental study [J]. Journal of Structural Engineering, 2015, 117(11):3417-3433.

[20] TRIANTAFILLOU T C, DESKOVIC N, DEURING M. Strengthening of concrete structures with prestressed fiber reinforced plastic sheets[J]. ACI Structural Journal, 1992, 89(3):235-244.

[21] MEIER U, DEURING M, MEIER H. Strengthening of structures with CFRP laminates: Research and applications in Switzerland [R] // Advanced Composites Materials in Civil Engineering Structures. ASCE, 1992:224-232.

[22] RITCHIE P A, THOMAS D A, LU L W, et al. External reinforcement of concrete beams using fibre reinforced plastics[J]. ACI Structural Journal, 1991, 88(4):490-500.

[23] CHAJES M J, JR TAT, JANUSZKA T F, et al. Flexural strengthening of concrete beams using externally bonded composite materials [J]. Construction & Building Materials, 1994, 8(3):191-201.

[24] HEFFERNAN P J, ERKI M A. Equivalent capacity and efficiency of RC beams strengthened with carbon fibre reinforced plastics [J]. Canadian Journal of Civil Engineering, 1996, 23(1):21-29.

[25] SHAHAWY M A, AROCKIASAMY M, BEITELMAN T, et al. Reinforced concrete rectangular beams strengthened with CFRP laminates[J]. Composites Part B Engineering, 1996, 27(3):225-233.

[26] WIGHT R G, GREEN M F, ERKI M A. Post-strengthening prestressed concrete beams with prestressed FRP sheets [C] // Proceedings of the 2nd international conference on advanced composite materials in bridges and structures. Montreal:ACMBS-II, 1996.

[27] WIGHT RG, GREEN MF, ERKI MA. Prestressed FRP sheets for poststrengthening reinforced concrete beams[J]. Journal of Composites for Construction, 2001, 5(4):214-220.

[28] EL-HACHA R, WIGHT R G, GREEN M F. Strengthening concrete beams with prestressed fiber reinforced polymer sheets: behavior at room and low temperatures[C] // International symposium on fiber reinforced polymer reinforcement for reinforced concrete structures. 1999.

[29] EL-HACHA R, WIGHT R G, GREEN M F. Prestressed fiber-reinforced polymer caminates for strengthening structures[J]. Progress in Structural

Engineer and Materials,2001,3(2):111-121.

[30] WU Z S, MATSUZAKI T, YOKOYAMA K, et al. Retrofitting method for reinforced concrete structures with externally prestressed carbon fiber sheets [C] // International Symposium on Fiber Reinforced Polymer Reinforcement for Reinforced Concrete Structures. 1999.

[31] 飞渭,江世永,彭飞飞,等.预应力碳纤维布加固混凝土受弯构件试验研究[C] // 全国土木工程用纤维增强复合材料.2002:56-60.

[32] 杨勇新,岳清瑞,胡云昌.碳纤维布与混凝土粘结性能的试验研究[J].建筑结构学报,2001,22(3):36-42.

[33] 曾宪桃,王兴国,丁亚红.粘贴预应力 FRP 板加固砼梁预应力方法的研究[J].焦作工学院学报:自然科学版,2002,21(3):222-225.

[34] QUANTRILL R J, HOLLAWAY L C. The flexural rehabilitation of reinforced concrete beams by the use of prestressed advanced composite plates[J]. Composites Science & Technology,1998,58(8): 1259-1275.

[35] 叶列平,庄江波,等.预应力碳纤维布加固钢筋混凝土 T 形梁的试验研究[J].工业建筑,2005,35(8):7-12.

[36] 张坦贤,吕西林,肖丹,等.预应力碳纤维布加固一次二次受力梁抗弯试验研究[J].结构工程师,2005,21(1):34-40.

[37] 李世宏.预应力碳纤维布加固混凝土梁施工[J].施工技术,2004,33(7):60-62.

[38] 童谷生,李志虎,朱成九,等.预应力碳纤维布材加固混凝土梁的受弯性研究[J].华东交通大学学报,2005,22(2):1-5.

[39] 卓静,李唐宁.波形齿夹具锚在碳纤维片材加固技术及预应力技术中应用研究[J].公路交通技术,2005(s1):100-104.

[40] 崔士起,成勃,董希祥,等.预应力碳纤维加固钢筋混凝土梁试验研究[J].四川建筑科学研究,2005,31(1):51-53.

[41] 尚守平,彭晖,金勇俊,等.预应力碳纤维加固混凝土结构技术研究[C] //中国建筑学会建筑结构分会混凝土结构基本理论和工程应用学术会议.2006.

[42] GARDEN H N, HOLLAWAY L C, THORNE A M. The strengthening and deformation behaviour of reinforced concrete beams upgraded using prestressed composite plates [J]. Materials & Structures, 1998, 31(4):247-258.

[43] 岳清瑞,李庆伟,杨勇新.纤维增强复合材料嵌入式加固技术[J].工业建筑,2004,34(4):1-4.

[44] 李荣,滕锦光,岳清瑞.FRP 材料加固混凝土结构应用的新领域——嵌入式(NSM)加固法[J].工业建筑,2004,34(4):5-10.

[45] 周朝阳,李毅卉,贺学军.T 形截面钢筋混凝土梁内嵌 FRP 加固后抗弯承载力计算[J].铁道科学与工程学报,2005,2(4):50-53.

[46] 王天稳,尹志强.FRP 筋 NSM 加固混凝土构件二次受力时抗弯承载力计算方法[J].武汉大学学报:工学版,2005,38(4):55-58.

[47] 任振华,曾宪桃,刘汉龙,等.复合内嵌碳纤维筋和预应力螺旋肋钢筋加固混凝土梁试验[J].河海大学学报:自然科学版,2012,40(4):370-375.

[48] 任振华,曾宪桃,周丰峻.复合内嵌碳纤维筋预应力螺旋肋钢筋加固混凝土梁承载力分析[J].玻璃钢/复合材料,2012(5):33-37.

[49] 任振华,曾宪桃.碳纤维材料加固 π 型混凝土梁抗弯试验研究[J].自然灾害学报,2013,22(3):221-228.

[50] 曾宪桃,成香莉.嵌入碳纤维增强塑料板条加固混凝土梁抗弯性能试验报告[R].焦作:河南理工大学,2005.

[51] 曾宪桃,张雪丽.嵌入碳纤维增强塑料板条加固混凝土梁抗剪性能试验报告[R].焦作:河南理工大学,2005.

[52] 曾宪桃,段敬民,丁亚红.内嵌预应力碳纤维增强塑料筋混凝土梁正截面承载力计算[J].工程力学,2006,23(s2):112-116.

[53] REN Z H, ZENG X T. Quasi-plane-hypothesis of strain coordination for RC beam strengthened with external-bonded or near-surface mounted carbon fiber reinforced plastic strip [J]. Advanced Materials Research, 2011, 255-260:54-58.

[54] REN Z H, ZENG X T, LIU H L, et al. Quasi-plane-hypothesis of strain

coordination for RC beam seismically strengthened with external-bonded or near-surface mounted fiber reinforced plastic. Earthquake Engineering and Engineering Vibration, 2013,12(1):67-76.

[55] REN Z H, LIU H L, ZHOU F J. Double linear strain distribution assumption of RC beam strengthened with external-bonded or near-surface mounted fiber reinforced plastic[J]. Journal of Central South University, 2012, 19(12):3582-3594.

[56] NORDIN H, TÄLJSTEN B. Concrete beams strengthened with pre-stressed near surface mounted CFPR[J]. Journal of Composites for Construction,2006,10(1):60-68.

[57] LORENZIS L D, NANNI A. Shear strengthening of reinforced concrete beams with NSM fiber-reinforced polymer rods [J]. ACI Structural Journal, 1998(1):60-68.

[58] LORENZIS L D, NANNI A. Characterization of FRP rods as near-surface mounted reinforcement [J]. Journal of Composites for Construction, 2015, 5(2):114-121.

[59] LORENZIS L D, NANNI A. Bond between NSM fiber-reinforced polymer rods and concrete in structural strengthening [J]. ACI Structural Journal, 1999:(2): 123-132.

[60] LORENZIS L D, NANNI A. Strengthening of RC structures with near-surface mounted FRP rods[D]. Lecce:University of Lecce,2002.

[61] LORENZIS L D, RIZZO A, TEGOLA A L. A modified pull-out test for bond of near-surface mounted FRP rods in concrete[J]. Composites Part B Engineering, 2002, 33(8):589-603.

[62] BLASCHKO M. Bond behavior of CFRP strips glued into slits[C]// Proceedings of the sixth international symposium on FRP reinforcement for concrete structures. Singapore:World Scientific Publishing Company, 2003:205-214.

[63] 任振华,曾宪桃,刘汉龙,等.复合内嵌筋材加固混凝土梁破坏模式分析[J].防灾减灾工程学报,2012,32(6):657-664.

[64] LORENZIS L D, MICELLI F, LA TEGONLA A. Passive and active near-surface mounted FRP rods for flexural strengthening of RC Beams[C].//Proceedings of the 3rd international conference on composite in infrastructures. 2002.

[65] TÄLJSTEN B, CAROLIN A, NORDIN H. Concrete structures strengthened with near surface mounted reinforcement of CFRP[J]. Advances in Structural Engineering, 2003, 6(3):201-213.

[66] CAROLIN A, NORDIN H, TÄLJSTEN B. Concrete beams strengthened with near surface mounted reinforcement of CFRP[C] // FRP composites in civil engineering. Proceedings of the International Conference on FRP Composites in Civil Engineering. 2001:201-213.

[67] 杨勇新，李庆伟，岳清瑞. 预应力 FRP 片材加固混凝土结构研究现状 [J]. 工业建筑，2004，34(s1):325-330.

[68] HASSAN T, RIZKALLA S. Flexural strengthening of prestressed bridge slabs with FRP systems[J]. Pci Journal, 2002, 47(1):76-93.

[69] HASSAN T, RIZKALLA S. Investigation of bond in concrete structures strengthened with near surface mounted carbon fiber reinforced polymer strips[J]. Journal of Composites for Construction, 2003, 7(3):248-257.

[70] HASSAN T, RIZKALLA S. Effectiveness of FRP for strengthening concrete bridges[J]. Structural Engineering International, 2002, 12(2):89-95.

[71] TRIANTAFILLOU T C, DESKOVIC N. Innovative prestressing with FRP sheets: mechanics of short-term behavior [J]. Journal of Engineering Mechanics, 1991, 117(7):1652-1672.

[72] TRIANTAFILLOU T C, DESKOVIC N, DEURING M. Strengthening of concrete structures with prestressed fiber reinforced plastic sheets[J]. ACI Structural Journal, 1992, 89(3):235-244.

[73] TRIANTAFILLOU T C, PLEVRIS N. Strengthening of RC beams with epoxy-bonded fibre-composite materials [J]. Materials and

Structures，1992，25(4):201-211.

[74] GARDEN H N，HOLLAWAY L. An experimental study of the strengthening of reinforced concrete beams using prestressed carbon composite plates [C] // International Conference on Structural Faults & Repair. 199:191-199.

[75] DEURING M. Post-strengthening of concrete structures with pretebsioned advanced composites [R]. EMPA Report No. 224， CH-8600 Duebendorf，1993.

[76] MEIER U. Strengthening of structures using carbon fibre/epoxy composites [J]. Construction & Building Materials，1995，9(9):341-351.

[77] MEIER U，WINISTORFER A. Retrofitting of structure through external bonding of CFRP sheets[C] //Proceedings of the 2nd international RILEM Symposium. 1995:465-472.

[78] 牛赫东，吴智深. 预应力 FRP 纤维布粘结补强技术中的界面剪切应力传递[C] //全国土木工程用纤维增强复合材料. 2002.

[79] WU Z，MATSUZAKI T，YOKOYAMA K，et al. Retrofitting method for reinforced concrete structures with externally prestressed carbon fiber sheets [C] // International symposium on fiber reinforced polymer reinforcement for reinforced concrete structures. 1999: 751-765.

[80] 飞渭，江世永，彭飞飞，等. 预应力碳纤维布加固混凝土受弯构件试验研究[C] // 全国土木工程用纤维增强复合材料. 2002:56-60.

[81] 飞渭，江世永，彭飞飞，等. 预应力碳纤维布加固混凝土受弯构件正截面承载力分析[C] // 全国土木工程用纤维增强复合材料. 2002:42-45.

[82] 杨勇新，岳清瑞. 碳纤维布与混凝土粘结破坏面特征[J]. 工业建筑， 2003,33(9):1-3.

[83] PIYONG Y，SILVA P，NANNI A. Flexural strengthening of concrete slabs by a three-stage pre-stressing FRP system enhanced with the presence of GFRP anchor spikes[C] // Composites in Construction International Conference. 2003:239-244.

[84] MEIER U，DEURING M，MEIER H. Strengthening of structures

with CFRP laminates: research and applications in Switzerland [C] //
Advanced composites materials in civil engineering structures. ASCE，
1992:224-232.

[85] KARAM G N. Optimal design for pre-stressing with FRP sheets in
structural members. Strengthening of structures with CFRP
laminates: research and application on Swotzerland[C]//Proceedings
of the first international conference on advanced composite materials in
bridges and structures. 1992: 277-285.

[86] GARDEN H N, HOLLAWAY L C. An experimental study of the
failure modes of reinforced concrete beams strengthened with
prestressed carbon composite plates [J]. Composites Part B
Engineering, 1998, 29(4):411-424.

[87] TAHA M M R, SHRIVE N G. New concrete anchors for carbon fiber-
reinforced polymer post-tensioning tendons -Part 1: State-of-the-art
review/design[J]. ACI Structural Journal, 2003, 100(1):86-95.

[88] TAHA M M R, SHRIVE N G. New concrete anchors for carbon fiber-
reinforced polymer post-tensioning tendons -Part 2: Development/
experimental investigation[J]. ACI Structural Journal, 2003, 100(1):
96-104.

[89] WIGHT R G. Strengthening concrete beams with pre-stressed FRP
sheets[D]. Kingston: Queen's University, 1998.

[90] EL-HACHA R, WIGHT G, GREEN M F. Strengthening concrete
beams with prestressed fiber reinforced polymer sheets: behavior at
room and low temperatures[C] // International symposium on fiber
reinforced polymer reinforcement for reinforced concrete structures.
1999:737-749.

[91] QUANTRILL R J, HOLLAWAY L C. The flexural rehabilitation of
reinforced concrete beams by the use of prestressed advanced
composite plates[J]. Composites Science & Technology, 1998, 58(8):
1259-1275.

[92] HOLLAWAY L C, LEEMING M B. Strengthening of reinforced concrete structures: using externally-bonded FRP composites in structural and civil engineering[J]. Crc Press, 1999.

[93] EL-HACHA R, WIGHT R G, HEFFERNAN P J, et al. Pre-stressed CFRP sheets for strengthening reinforced concrete structures in fatigue[C] // Fibre-Reinforced Polymer Reinforcement for Concrete Structures. 2003:895-904.

[94] WIGHT R G, ERKI M A. Pre-stressed CFRP sheets for strengthening concrete slabs in fatigue[J]. Advances in Structural Engineering, 2001, 6(3):175-182.

[95] WU Z, IWASHITA K, ISHIKAWA T, et al. Fatigue performance of RC beams strengthened with externally pre-stressed PBO fiber sheets [J]. Fibre-Reinforced Polymer Reinforcement for Concrete Structures, 2003:885-894.

[96] CHEN J F, YANG Z J, HOLT G D. FRP or steel plate-to-concrete bonded joints: effects of test methods on experimental bond strength [J]. Steel & Composite Structures, 2001, 1(2):231-244.

[97] 杨勇新,岳清瑞,胡云昌.碳纤维布与混凝土粘结性能的试验研究[J]. 建筑结构学报, 2001, 22(3):36-42.

[98] SHARMA S K, ALI M S M, GOLDAR D, et al. Plate-concrete interfacial bond strength of FRP and metallic plated concrete specimens[J]. Composites Part B Engineering, 2006, 37(1):54-63.

[99] SUBRAMANIAM K, AHMAD M A, GHOSN M. Experimental investigation and fracture analysis of de-bonding between concrete and FRP sheets[J]. Journal of Engineering Mechanics, ASCE,2006,32(9): 914-923.

[100] YAO J, TENG J G, CHEN J F. Experimental study on FRP-to-concrete bonded joints[J]. Composites Part B, 2005, 36(2):99-113.

[101] TOUTANJI H, SAXENA P, ZHAO L, et al. Prediction of interfacial bond failure of FRP-concrete surface [J]. Journal of Composites for Construction, 2007, 11(4):427-436.

[102] 曹双寅，潘建伍，陈建飞，等.外贴纤维与混凝土结合面的粘结滑移关系 [J].建筑结构学报，2006，27(1):99-105.

[103] 郭樟根，孙伟民，曹双寅.FRP 与混凝土界面黏结-滑移本构关系的试 验研究[J].土木工程学报，2007，40(3):1-5.

[104] PAN J，LEUNG C K Y. Effect of concrete composition on FRP-concrete bond capacity [J]. Journal of Composites for Construction，2007，11(6):611-618.

[105] WU Z，YUAN H，KOJIMA Y，et al. Experimental and analytical studies on peeling and spalling resistance of unidirectional FRP sheets bonded to concrete[J]. Composites Science & Technology，2005，65 (7):1088-1097.

[106] DAI J G，UEDA T，SATO Y. Bonding characteristics of fiber-reinforced polymer sheet-concrete interfaces under dowel load[J]. Journal of Composites for Construction，2007，11(2):138-148.

[107] GAO B，KIM J K，LEUNG C K Y. Effect of tapered FRP sheets on interlaminar fracture behaviour of FRP-concrete interface [J]. Composites Part A Applied Science & Manufacturing，2006，37 (10):1605-1612.

[108] GAO B，KIM J K，LEUNG C K Y. Strengthening efficiency of taper ended FRP strips bonded to RC beams[J]. Composites Science & Technology，2006，66(13):2257-2264.

[109] LEUNG C K Y. FRP debonding from a concrete substrate:Some recent findings against conventional belief[J]. Cement & Concrete Composites，2006，28(8):742-748.

[110] NAKABA K，KANAKUBO T，FURUTA T，et al. Bond behavior between fiber-reinforced polymer laminates and concrete[J]. ACI Structural Journal，2001，98(3):359-367.

[111] DAI J G. A nonlinear bond stress-slip relationship for FRP sheet-concrete interface[C] //Proc. of international symposium on latest achievement of technology and research on retrofitting concrete

structures. 2003.

[112] TÄLJSTEN B. Strengthening Of Beams By Plate Bonding[J]. Journal of Materials in Civil Engineering，2010，9(4):206-212.

[113] 任振华，曾宪桃，周丰峻. 内嵌 CFRP 筋加固混凝土梁桥界面特性研究的宽缺口梁法[J]. 中国公路学报，2015，28(7):58-65.

[114] 任振华，曾宪桃，熊山铭，等. 外贴 CFRP 板加固混凝土梁桥界面特性研究的宽缺口梁法[J]. 中国公路学报，2015，28(1):71-79.

[115] TÄLJSTEN B. Plate bonding: strengthening of existing concrete structures with epoxy bonded plates of steel or fibre reinforced plastics [D]. Lulea:Lulea University of Technology，1994.

[116] NEUBAUER U，ROSTASY F S. Bond failure of concrete fiber reinforced polymer plates at inclined cracks-experiments and fracture mechanics model[C] //Proceedings of 4th international symposium on fiber reinforced polymer reinforcement for reinforced concrete structures. ACI,1999:369-382.

[117] NAKABA K，KANAKUBO T，FURUTA T，et al. Bond behavior between fiber-reinforced polymer laminates and concrete[J]. ACI Structural Journal,2001,98(3):359-367.

[118] MONTI G，RENZELLI M，LUCIANI P. FRP adhesion in uncracked and cracked concrete zones [C] // Fibre-reinforced polymer reinforcement for concrete structures—the sixth international symposium on FRP reinforcement for concrete structures. Singapore: World Scientific Publishing Company，2003:183-192.

[119] SAVOIA M，FERRACUTI B，MAZZOTTI C. Non-linear bond-slip law for FRP-concrete interface [C] // Fibre-reinforced polymer reinforcement for concrete structures:(In 2 Volumes). Singapore: World Scientific Publishing Company，2003:163-172.

[120] DAI J G，UEDA T. Local bond stress slip relations for FRP sheets-concrete structures [C] // Fibre-reinforced polymer reinforcement for concrete structures -the sixth international symposium on FRP

reinforcement for concrete structures. Singapore：World Scientific Publishing Company，2015：143-152.

[121] CHAJES M J, JANUSZKA T F, MERTZ D R, et al. Shear strengthening of reinforced concrete beams using externally applied composite fabrics[J]. ACI Structural Journal, 1995, 92(3):295-303.

[122] LU X Z, YE L P, TENG J G, et al. Meso-scale finite element model for FRP sheets/plates bonded to concrete [J]. Engineering Structures, 2005, 27(4):564-575.

[123] DAI J G. A nonlinear bond stress-slip relationship for FRP sheet-concrete interface[C] //Proc. of international symposium on latest achievement of technology and research on retrofitting concrete structures. 2003:113-120.

[124] DAI J G, UEDA T, SATO Y. Development of the nonlinear bond stress-slip model of fiber reinforced plastics sheet-concrete interfaces with a simple method [J]. Journal of Composites for Construction, 2005, 9(1):52-62.

[125] LU X Z, TENG J G, YE L P, et al. Bond-slip models for FRP sheets/plates bonded to concrete[J]. Engineering Structures, 2005, 27(6):920-937.

[126] TUNG W K, LEUNG C K Y. Three-parameter model for debonding of FRP plate from concrete substrate[J]. Journal of Engineering Mechanics, 2006, 132(5):509-518.

[127] LUK H C Y, LEUNG C K Y, Klenke M, et al. Determination of nonlinear softening behavior at FRP composite/concrete interface[J]. Journal of Engineering Mechanics, 2006, 132(5):498-508.

[128] WU Z, YUAN H, NIU H. Stress transfer and fracture propagation in different kinds of adhesive joints [J]. Journal of Engineering Mechanics, 2002, 128(5):562-573.

[129] YUAN H, TENG J G, SERACINO R, et al. Full-range behavior of FRP-to-concrete bonded joints[J]. Engineering Structures, 2004, 26

(5):553-565.

[130] TENG J G, YUAN H, CHEN J F. FRP-to-concrete interfaces between two adjacent cracks: theoretical model for debonding failure [J]. International Journal of Solids and Structures, 2006, 43(18-19): 5750-5778.

[131] CHEN J F, YUAN H, TENG J G. Debonding failure along a softening FRP-to-concrete interface between two adjacent cracks in concrete members[J]. Engineering Structures, 2007, 29(2):259-270.

[132] WANG J. Debonding of FRP-plated reinforced concrete beam, a bond-slip analysis. Ⅰ. Theoretical formulation [J]. International Journal of Solids & Structures, 2006, 43(21):6649-6664.

[133] WANG J. Cohesive zone model of intermediate crack-induced debonding of FRP-plated concrete beam[J]. International Journal of Solids & Structures, 2006, 43(21):6630-6648.

[134] WANG J. Cohesive-bridging zone model of FRP-concrete interface debonding[J]. Engineering Fracture Mechanics, 2007, 74 (17): 2643-2658.

[135] YANG Y, LEUNG C K Y. Energy-based modeling approach for debonding of FRP plate from concrete substrate [J]. Journal of Engineering Mechanics, 2006, 132(6):583-593.

[136] 陆新征,谭壮,叶列平,等.FRP 布-混凝土界面粘结性能的有限元分析[J].工程力学, 2004, 21(6):45-50.

[137] 陆新征,叶列平,滕锦光,等.FRP 片材与混凝土粘结性能的精细有限元分析[J].工程力学, 2006, 23(5):74-82.

[138] LU X Z, JIANG J J, TENG J G, et al. Finite element simulation of debonding in FRP-to-concrete bonded joints [J]. Construction & Building Materials, 2006, 20(6):412-424.

[139] LU X Z, TENG J G, YE L P, et al. Intermediate crack debonding in FRP-strengthened RC beams: FE analysis and strength model[J]. Journal of Composites for Construction, 2007, 11(2):161-174.

[140] 陆新征，滕锦光，叶列平，等. FRP 加固混凝土梁受弯剥离破坏的有限元分析[J]. 工程力学，2006，23(6)：85-93.

[141] NIU H，KARBHARI V M，WU Z. Diagonal macro-crack induced debonding mechanisms in FRP rehabilitated concrete[J]. Composites Part B，2006，37(7)：627-641.

[142] NIU H，WU Z. Effects of FRP-concrete interface bond properties on the performance of RC beams strengthened in flexure with externally bonded FRP sheets[J]. Journal of Materials in Civil Engineering，2006，18(5)：723-731.

[143] ALI-AHMAD M K，SUBRAMANIAM K V，GHOSN M. Analysis of scaling and instability in FRP-concrete shear debonding for beam-strengthening applications[J]. Journal of Engineering Mechanics，2007，133(1)：58-65.

[144] CHEN J F，PAN W K. Three dimensional stress distribution in FRP-to-concrete bond test specimens [J]. Construction & Building Materials，2006，20(1)：46-58.

[145] BAKY H A，EBEAD U A，NEALE K W. Flexural and interfacial behavior of FRP-strengthened reinforced concrete beams[J]. Journal of Composites for Construction，2007，11(6)：629-639.

[146] TENG J G，CHEN J F，YU T，et al. FRP-strengthened RC structures[M]. LONDON：John Wiley & Sons，2002.

[147] 杨树桐. 基于断裂力学的钢筋、FRP 与混凝土界面力学特性研究[D]. 大连：大连理工大学，2008.

[148] DAI J G，UEDA T. Local bond stress slip relations for FRP sheets-concrete interfaces [C] //Proc. 6th international symposium on FRP reinforcement for concrete structures. Singapore：World Scientific Publishing Company，2003 143-152.

[149] REZAZADEH M，COSTA I，BARROS J. Influence of prestress level on NSM CFRP laminates for the flexural strengthening of RC beams [J]. Composite Structures，2014，116(1)：489-500.

[150] HIROYUKI Y, WU Z. Analysis of de-bonding fracture properties of CFS strengthened member subject to tension [C] //Proc. 3rd international symposium on non-metallic (FRP) reinforcement for concrete structures. 1997:284-294.

[151] TANAKA T. Shear resisting mechanism of reinforced concrete beams with CFS as shear reinforcement[D]. Sapporo :Hokkaido University, 1996.

[152] GEMERT D V. Force transfer in epoxy bonded steel/concrete joints [J]. International Journal of Adhesion & Adhesives, 1980, 1(2): 67-72.

[153] BROSENS K, GEMERT D V. Anchoring stresses between concrete and carbon fibre reinforced laminates[J]. Composite Construction, 1998:181-186.

[154] CHAALLAL O, NOLLET M J, PERRATON D. Strengthening of reinforced concrete beams with externally bonded fiber-reinforced-plastic plates: Design guidelines for shear and flexure[J]. Canadian Journal of Civil Engineering,1998,25 (4):692-704.

[155] SATO Y, ASANO Y, UEDA T. Fundamental study on bond mechanism of carbon fiber sheet [J]. Proceedings of the Japan Society of Civil Engineers, 1997 (648):71-87.

[156] NEUBAUER U, ROSTASY F S. Design aspects of concrete structures strengthened with externally bonded CFRP plates[C] // International conference on structural faults & repair. 1997:109-118.

[157] KHALIFA A, GOLD W J, NANNI A, et al. Contribution of externally bonded FRP to shear capacity of RC flexural members[J]. Journal of Composites for Construction, 1998, 2(4):195-202.

[158] CHEN J F, TENG J G. Anchorage strength models for FRP and steel plates bonded to concrete [J]. Journal of Structural Engineering, 2001, 127(7):784-791.

[159] LORENZIS L D, TENG J G. Near-surface mounted FRP reinforcement:

An emerging technique for strengthening structures[J]. Composites Part B Engineering，2007，38(2):119-143.

[160] ELIGEHAUSEN R，POPOV E P ，BERTERO V V. Local bond stress-slip relationship of deformed bars under generalized excitations [R]. Berkeley :University of California,Berkeley，1983.

[161] FAORO M. Bearing and deformation behavior of structural components with reinforcements comprising resin bounded glass fibre bars and conventional ribbed steel bars[C] //Proc of Int Conf On Bond in concrete. 1992.

[162] ROSSETTI V A，GALEOTA D，GIAMMATTEO M M. Local bond stress-slip relationships of glass fibre reinforced plastic bars embedded in concrete[J]. Materials & Structures，1995，28(6): 340-344.

[163] COSENZA E，MANFREDI G，REALFONZO R. Analytical modelling of bond between FRP reinforcing bars and concrete[C] //Proc. of the 2nd Int. R ILEM Symp. FRPRCS22,1995:164-171.

[164] COSENZA E，MANFREDI G，REALFONZO R. Behavior and Modeling of Bond of FRP Rebars to Concrete [J]. Journal of Composites for Construction，1997，1(2):40-51.

[165] MALVAR L J. Tensile and bond properties of GFRP reinforcing bars [J]. ACI Materials Journal，1995，92(3):276-285.

[166] 高丹盈，朱海堂，谢晶晶.纤维增强塑料筋混凝土粘结滑移本构模型 [J].工业建筑，2003，33(7):41-43.

[167] 任振华.内嵌 CFRP 筋-预应力螺旋肋钢筋复合加固混凝土梁抗弯试验 研究[D].焦作:河南理工大学，2009.

[168] STRANGE P C，BRYANT A H. Experimental tests on concrete fracture [J]. Journal of the Engineering Mechanics Division，1979，105(2): 337-342.

[169] HILLERBORG A，MODÉER M，PETERSSON P E. Analysis of crack formation and crack growth in concrete by means of fracture mechanics and

finite elements[J]. Cement & Concrete Research, 1976, 6(6):773-781.

[170] BAŽANT ZDENĚK P, B H OH. Crack band theory for fracture of concrete[J]. Matériaux Et Construction, 1983, 16(3):155-177.

[171] JENQ Y, SHAH S P. Two parameter fracture model for concrete[J]. Journal of Engineering Mechanics, 1985, 111(10):1227-1241.

[172] BAŽANT Z P, KAZEMI M T. Determination of fracture energy, process zone length and brittleness number from size effect, with application to rock and concrete[J]. International Journal of Fracture, 1990,44(2):111-131.

[173] SWARTZ S E, GO C G. Validity of compliance calibration to cracked concrete beams in bending[J]. Experimental Mechanics, 1984, 24 (2):129-134.

[174] SWARTZ S E,REFAI T. Influence of size on opening mode fracture parameters for pre-cracked concrete beams in bending [C] // Proceedings of SEM-RILEM international conference on fracture of concrete and rock. 1987:242-254.

[175] KARIHALOO B L, NALLATHAMBI P. An improved effective crack model for the determination of fracture toughness of concrete [J]. Cement & Concrete Research, 1989, 19(4):603-610.

[176] KARIHALOO B L, NALLATHAMBI P. Effective crack model for the determination of fracture toughness (K_{ic}^s) of concrete [J]. Engineering Fracture Mechanics, 1990, 35(4/5):637-645.

[177] 徐世烺,赵国藩. 混凝土结构裂缝扩展的双 K 断裂准则[J]. 土木工程学报, 1992,25 (2):32-38.

[178] XU S, REINHARDT H. Determination of the double-K fracture parameters in standard three-point bending notched beams[C] // Fracture Mechanics of Concrete Structures,Proceedings FRAMCOS-3. Aedificatio Publishers, 1998,1:431-440.

[179] XU S,REINHARDT H W. Determination of double-K criterion for crack propagation in quasi-brittle fracture, Part Ⅰ: Experimental

investigation of crack propagation [J]. International Journal of Fracture, 1999, 98(2): 111-149.

[180] XU S, REINHARDT H W. A simplified method for determining double-K fracture parameters for three-point bending tests [J]. International Journal of Fracture, 2000, 104(2): 181-209.

[181] XU S, REINHARDT H W. Double-K parameters and the cohesive-stress-based K_R curve for the negative geometry[C] //Proceedings of the fifth international conference on fracture mechanics of concrete and concrete structures. 2004: 423-430.

[182] REINHARDT H W, XU S. Crack extension resistance based on the cohesive force in concrete[J]. Engineering Fracture Mechanics, 1999, 64(5): 563-587.

[183] JENQ Y S, SHAH S P. A fracture toughness criterion for concrete [J]. Engineering Fracture Mechanics, 2016, 21(5): 1055-1069.

[184] XU S, REINHARDT H W. Determination of double-K criterion for crack propagation in quasi-brittle fracture, Part II: Analytical evaluating and practical measuring methods for three-Point bending notched beams[J]. International Journal of Fracture, 1999, 98(2): 151-177.

[185] XU S, REINHARDT H W. Crack extension resistance and fracture properties of quasi-brittle softening materials like concrete based on the complete process of fracture [J]. International Journal of Fracture, 1998, 92(1): 71-99.

[186] XU S, REINHARDT H W. Determination of double-K criterion for crack propagation in quasi-brittle fracture, Part III: Compact tension specimens and wedge splitting specimens[J]. International Journal of Fracture, 1999, 98(2): 179-193.

[187] ZHAO Y, XU S. Determination of double-G energy fracture criterion for concrete materials[C] //Proceedings of the fifth international conference on fracture mechanics of concrete and concrete structures.

2004:431-438.

[188] NAVALURKAR R K, HSU C T T. Fracture analysis of high strength concrete members [J]. Journal of Materials in Civil Engineering, 2001, 13(3):185-193.

[189] PRASAD B K R, GOPALAKRISHNAN S, MURTHY D S R, et al. Fracture mechanics model for analysis of plain and reinforced high-performance concrete beams[J]. Journal of Engineering Mechanics, 2005, 131(8):831-838.

[190] BAŽANT ZDENĚK P. Size effect in blunt fracture: concrete, rock, metal[J]. Journal of Engineering Mechanics, 1984, 110(4):518-535.

[191] BAŽANT ZDENĚK P, JIN-KEUN KIM, PFEIFFER P A. Nonlinear fracture properties from size effect tests [J]. Journal of Structural Engineering, 1986, 112(2):289-307.

[192] BAŽANT ZDENĚK P, PFEIFFER P A. Determination of fracture energy from size effect and brittleness number[J]. ACI Materials Journal, 1987, 84(6):463-480.

[193] BAŽANT ZDENĚK P, YU Q. Size effect in fracture of concrete specimens and structures: New problems and progress[C]. Acta Polytechnica,2004,44(5-6):7-15.

[194] ISSA M A, ISSA M A, ISLAM M S, et al. Size effects in concrete fracture——Part I: experimental setup and observations [J]. International Journal of Fracture, 2000, 102(1):1-24.

[195] ISSA M A, ISSA M A, ISLAM M S, et al. Size effects in concrete fracture——Part II: Analysis of test results [J]. International Journal of Fracture, 2000, 102(1):25-42.

[196] KARIHALOO B, XIAO Q, ABDALLA H. Strength size effect in the quasi-brittle structures[C] //Proceedings of the fifth international conference on fracture mechanics of concrete and concrete structures. 2004:163-171.

[197] 吴智敏,王金来.基于虚拟裂缝模型的混凝土双 K 断裂参数[J].水利

学报，1999，30(7):12-16.

[198] 吴智敏，徐世烺，卢喜经，等.试件初始缝长对混凝土双 K 断裂参数的影响[J].水利学报，2000，31(4):35-39.

[199] 吴智敏，王金来.基于虚拟裂缝模型的混凝土等效断裂韧度[J].工程力学，2000，17(1):99-104.

[200] 吴智敏，徐世烺，王金来,等.三点弯曲梁法研究砼双 K 断裂参数及其尺寸效应[J].水力发电学报，2000(4):16-24.

[201] HU X Z, WITTMANN F H. Fracture energy and fracture process zone[J]. Materials & Structures, 1992，25(6):319-326.

[202] HU X Z. Toughness measurements from crack close to free edge[J]. International Journal of Fracture, 1997，86(4):L63-L68.

[203] HU X Z, WITTMANN F. Size effect on toughness induced by crack close to free surface[J]. Engineering Fracture Mechanics，2000，65(2):209-221.

[204] HU X Z. An asymptotic approach to size effect on fracture toughness and fracture energy of composites [J]. Engineering Fracture Mechanics，2002，69(5):555-564.

[205] DUAN K, HU X Z, WITTMANN F. Size effect on fracture resistance and fracture energy of concrete [J]. Materials and Structures,2003,36(256):74-80.

[206] 赵艳华，徐世烺，聂玉强.混凝土断裂能的边界效应[J].水利学报，2005,36(11):1320-1325.

[207] 赵艳华,聂玉强,徐世烺.混凝土断裂能的边界效应确定法[J].工程力学,2007,24(1):56-61.

[208] 易富民，董伟，吴智敏，等.CFRP 加固混凝土梁断裂特性的试验研究[J].水力发电学报，2009，28(6):193-199.

[209] 陈瑛，乔丕忠.CFRP-混凝土界面 4ENF 断裂试验研究[J].河海大学学报:自然科学版，2009，37(1):96-99.

[210] WANG J. Cohesive zone model of intermediate crack-induced debonding of FRP-plated concrete beam [J]. International Journal of Solids &

Structures，2006，43(21):6630-6648.

[211] NIU H，WU Z. Effects of FRP-concrete interface bond properties on the performance of RC beams strengthened in flexure with externally bonded FRP sheets[J]. Journal of Materials in Civil Engineering，2006，18(5):723-731.

[212] NIU H，KARBHARI V M，WU Z. Diagonal macro-crack induced debonding mechanisms in FRP rehabilitated concrete[J]. Composites Part B，2006，37(7):627-641.

[213] 吕志涛.高性能材料 FRP 应用与结构工程创新[J].建筑科学与工程学报,2005,22(1):1-5.

[214] 曾宪桃,成香莉,高保彬.内嵌碳纤维增强塑料板条抗弯加固混凝土梁试验研究[J].工程力学,2008,25(12):106-113.

[215] 曾宪桃，任振华，赵晋，等.表层内嵌桁架螺旋肋筋加固混凝土梁抗弯试验研究[J].土木工程学报,2010,43(1):64-69.

[216] 王春苗,冯振宇.不同卸载时外贴 CFRP 加固 RC 梁正截面承载力计算[J].石家庄铁道大学学报:自然科学版,2004,17(1):72-75.

[217] 吴志平,杨林德.外贴碳纤维增强材料加固混凝土梁的抗弯设计[J].地下空间与工程学报,2005,1(2):250-254.

[218] 周朝阳，王兴国.端锚有粘结预应力纤维片材加固混凝土梁的受弯承载力[J].中国铁道科学，2006，27(4):45-50.

[219] 蒙文流，韦树英，孙昌.CFRP 板侧面加固混凝土梁受弯性能的试验研究[J].铁道科学与工程学报，2006，3(5):41-45.

[220] 汝海峰.刘炎海.CFRP 加固钢筋混凝土梁的正截面疲劳验算方法的试验研究[J].建筑施工，2007，29(1):36-37.

[221] 丁南宏，钱永久，林丽霞.CFRP 加固混凝土墩柱温度自应力及参数研究[J].铁道学报，2007，29(1):127-131.

[222] 王连广，周乐，王建森.FRP 加固 SRC 构件抗弯承载力计算方法[J].沈阳建筑大学学报:自然科学版,2007,23(2):212-215.

[223] 周乐，王连广，王建森.FRP 加固钢骨高强混凝土受弯构件非线性分析[J].沈阳建筑大学学报:自然科学版,2008,24(2):217-220.

[224] 李长召,吴亚平,徐金帅,等.CFRP 加固钢筋混凝土薄壁箱梁抗弯极限承载力计算[J].兰州理工大学学报,2008,34(2):128-132.

[225] 郑文忠,谭军,曾凡峰.CFRP 布加固无粘结预应力连接梁受力性能试验研究[J].湖南大学学报:自然科学版,2008,35(6):11-17.

[226] 汝海峰,张茜,梁春祥.CFRP 加固钢筋混凝土梁疲劳刚度的试验研究[J].铁道工程学报,2008,25(6):52-55.

[227] 李长召,吴亚平.钢筋混凝土薄壁箱梁碳纤维极限加固量的计算[J].山西建筑,2008,34(23):68-69.

[228] 张同猛,刘炎海,邹力,等.CFRP 加固钢筋混凝土梁的正截面疲劳性能的理论分析[J].兰州交通大学学报,2009,28(3):32-35.

[229] CARROLL M, ELLYIN F, KUJAWSKI D, et al. The rate-dependent behaviour of $\pm 55°$ filament-wound glass-fibre/epoxy tubes under biaxial loading[J]. Composites Science & technology, 2015, 55(4):391-403.

[230] KHALIFA M A, HODHOD O A, ZAKI M A. Analysis and design methodology for an FRP cable-stayed pedestrian bridge [J]. Composites Part B Engineering, 1996, 27(3):307-317.

[231] GILSTRAP J M, DOLAN C W. Out-of-plane bending of FRP-reinforced masonry walls[J]. Composites Science & Technology, 1998, 58(8):1277-1284.

[232] JIANCHUN LI, STEVE L BAKOSS, BIJAN SAMALI, et al. Reinforcement of concrete beam-column connections with hybrid FRP sheet[J]. Composite Structures, 1999, 47(1-4):805-812.

[233] ZHANG Z, TAHERI F. Numerical studies on dynamic pulse buckling of FRP composite laminated beams subject to an axial impact[J]. Composite Structures, 2002, 56(3):269-277.

[234] RASHEED H A, NAYAL R, MELHEM H. Response prediction of concrete beams reinforced with FRP bars[J]. Composite Structures, 2004, 65(2):193-204.

[235] CORRADI M, SPERANZINI E, BORRI A, et al. In-plane shear reinforcement of wood beam floors with FRP[J]. Composites Part B,

2006，37(4):310-319.

[236] CHEN J F, PAN W K. Three dimensional stress distribution in FRP-to-concrete bond test specimens [J]. Construction & Building Materials，2006，20(1):46-58.

[237] LÓPEZ-PUENTE J, ZAERA R, NAVARRO C. An analytical model for high velocity impacts on thin CFRPs woven laminated plates[J]. International Journal of Solids & Structures, 2007, 44 (9): 2837-2851.

[238] TAN Y L, SUN C J, GU S T, et al. Anchor safety potential reinforcing theory and its applications in roadway affected by mining[J]. Procedia Earth & Planetary Science, 2009, 1(1):438-443.

[239] GONZALEZ-MURILLO C, ANSELL M P. Co-cured in-line joints for natural fibre composites [J]. Composites Science & Technology, 2010, 70(3):442-449.

[240] WICKS S S, VILLORIA R G D, WARDLE B L. Interlaminar and intralaminar reinforcement of composite laminates with aligned carbon nanotubes[J]. Composites Science & Technology, 2010, 70(1):20-28.

[241] 曾宪桃,车惠民. 粘贴 FRP 类材料加固混凝土梁应变协调的准平面假定 [R]. 中国纤维增强塑料(FRP)混凝土结构学术交流会,2000:260-265.

[242] 曾宪桃,车惠民. 粘贴玻璃钢板加固混凝土梁疲劳试验研究[J]. 土木工程学报, 2001, 34(1):33-38.

[243] ZENG X T,DING Y H,WANG X G. Strain coordination of quasi-plane-hypothesis for reinforced concrete beam strengthened by epoxy-bonded glass fiber reinforced plastic plate[J]. Journal of Harbin Institute of Technology,2006,13(4):391-394.

[244] FRIGIONE, MARIAENRICA. Fiber reinforced polymers in civil engineering: durability issues [J]. Advanced Materials Research, 2015, 1129:283-289.

[245] KUMAHARA S, MASUDA Y, TANANO H, et al. Tensile strength of continuous fiber bar under high temperature [J]. ACI Special

Publication，1993.

[246] YAMAGUCHI T，KATO Y，NISHIMURA T，et al. Creep rupture of FRP rods made of aramid，carbon and glass fibers[C] //FRPRCS-3，Third International Symposium on Non-etallie FRP Reinforcement for Concrete Strueutres. 1997：179-186.

[247] 曾宪桃,任振华.纤维增强塑料加固混凝土梁界面本构模型研究有关问题的分析与评价[J].玻璃钢/复合材料,2014(1)：61-67.

[248] 张海霞，朱浮声，孔丹丹.考虑不同位置变化的 GFRP 筋与混凝土粘结试验研究[J].玻璃钢/复合材料，2008(4)：41-44.

[249] 陆新征.FRP-混凝土界面行为研究[D].北京：清华大学,2005.

[250] LORENZIS L D，NANNI A. Strengthening of RC structures with near-surface mounted FRP rods[D]. Lecce：University of Lecce,2002.

[251] PARRETTI R，NANNI A. Strengthening of RC members using near-surface mounted FRP composites：design overview [J]. Advances in Structural Engineering，2004，7(6)：469-483.

[252] 曾宪桃,任振华.FRP-混凝土界面特性研究的试验方法与剥离承载力问题[J].工程抗震与加固改造,2014,36(2)：88-93.

[253] 王勃，付德成，杨艳敏，等.FRP 筋与混凝土黏结破坏性能研究[J].混凝土，2010(3)：26-28.

[254] 张海霞，朱浮声，孙丽，等.FRP 筋与混凝土粘结滑移试验研究[J].沈阳建筑大学学报：自然科学版，2008，24(6)：989-992.

[255] 杨勇，谢标云，聂建国，等.表层嵌贴碳纤维筋加固钢筋混凝土梁受力性能试验研究[J]. 工程力学，2009，26(3)：106-112.

[256] 李荣，滕锦光，岳清瑞.嵌入式 CFRP 板条-混凝土界面粘结性能的试验研究[J].工业建筑，2005，35(8)：31-34.

[257] 吴以莉，姚谏，朱晓旭.内嵌 CFRP 加固混凝土梁粘结性能试验分析[J].建筑技术，2010，41(5)：454-456.

[258] 喻林，王凤霞，蒋林华，等.碳纤维加固混凝土的粘结性能研究[J].工业建筑，2010，40(10)：103-105.

[259] 徐世烺.混凝土断裂力学[M].北京：科学出版社,2011.